矿井提升机减速器振动特性识别及故障诊断研究

于 宁 田立勇◎著

中国矿业大学出版社
· 徐州 ·

内容提要

本书以多绳摩擦式提升系统的减速器为研究对象，从减速器的振动特性、信号处理与特征提取、故障模式识别等多个方面展开了深入研究，建立了提升机减速器系统动力学模型，提出了一种基于多测点信息敏感特性集选取方法，形成了基于组合模态的分频融合振动信号分析的矿井提升机减速器故障诊断技术。本书可供从事机械故障诊断、矿山机械设计等领域的科研工作者参考使用。

图书在版编目(CIP)数据

矿井提升机减速器振动特性识别及故障诊断研究 / 于宁，田立勇著. — 徐州 ：中国矿业大学出版社，2025. 6. — ISBN 978-7-5646-6725-2

Ⅰ. TD534

中国国家版本馆 CIP 数据核字第 20254FL709 号

书　　名　矿井提升机减速器振动特性识别及故障诊断研究

著　　者　于　宁　田立勇

责任编辑　于世连

出版发行　中国矿业大学出版社有限责任公司

（江苏省徐州市解放南路　邮编 221008）

营销热线　(0516)83885370　83884103

出版服务　(0516)83995789　83884920

网　　址　http://www.cumtp.com　**E-mail**:cumtpvip@cumtp.com

印　　刷　徐州中矿大印发科技有限公司

开　　本　787 mm×1092 mm　1/16　**印张** 10.75　**字数** 198 千字

版次印次　2025 年 6 月第 1 版　2025 年 6 月第 1 次印刷

定　　价　42.00 元

前　言

矿井提升机作为连接煤矿井上与井下的关键枢纽，负责煤炭运输、物料下放和人员升降。减速器作为矿井提升机传动系统的核心部件，长期处于低速重载、振动剧烈的复杂工况中，易因齿轮磨损、轴承损坏等故障引发停机事故。据统计，减速器故障占提升机总故障的60%以上。传统定期检修模式难以精准预判提升机故障，经常导致“维修不足”或“过度维修”，严重影响矿山生产效率和安全。

通过理论分析、仿真模拟及试验测试相结合的方法，以实际矿用提升机减速器为研究对象，进行了一系列技术攻关和试验研究。① 建立包含钢丝绳振动的动力学模型，以揭示故障信号传递规律。通过仿真模拟发现，提升机加速时齿轮啮合刚度变化会使振动信号产生显著边带效应。② 开发新型信号处理方法，通过组合模态分解分离齿轮与轴承故障频段，结合改进的局部均值分解抑制噪声干扰，成功在强噪声环境下识别细微裂纹。现场测试试验表明，该方法能够大幅度提高早期故障识别率。③ 采用 DET-mRMR 算法筛选关键故障特征，基于 Labview 开发软硬件平台，实现多传感器数据高效融合，构建智能监测系统，以实现振动信号实时采集与远程预警。

研究成果已在多个矿区实际应用。系统不仅能实时诊断齿轮裂纹、轴承损坏等故障，还能适应提升机变速工况，准确率显著提升。矿山设备维护从“事后处理”转向“事前预防”，研究提升机减速器故障诊断系统，构建减速器多体动力学系统，揭示了动态载荷波动对故障特征传递路径的影响机制，实现将早期故障识别率从传统方法的68%提升至92%，实现了技术层面的重要突破，为行业智能化转型提供了技术支撑。

本书得到国家自然基金面上项目“力-热载荷下采煤机摇臂异形壳体变形规律与服役行为研究”（项目编号 52174143）的资助，在此表示衷心感谢！

由于作者水平有限，书中难免存在错误之处，请读者批评指正。

著　者

2025年1月

目 录

第1章 概 述

在煤炭生产中，矿井提升系统是井上和井下的唯一通道，不仅担负着运输井下煤炭、矸石的重任，还承担着人员升降、物料输送的任务。矿井提升系统的安全和维护问题直接影响矿井的高效安全生产和人员的生命安全。经过十几年的发展，矿井提升系统结构日益复杂，其设备安全性问题越发受到高度关注。在人力物力有限的条件下，最大程度地降低设备故障率，实现高效设备维护，已成为煤炭行业研究的热点。当前我国的煤炭行业正朝着数字化方向发展。数字化的提升控制系统已成为安全生产的主流。矿井提升系统主要由机、电和液三部分组成。提升机是提升系统传递动力的关键组成部分。随着现代工业飞速发展，机械设备性能要求逐步提高，提升机的传递载荷不断增大，这导致提升机的传动系统需要在重载下连续工作。提升机长期运行在煤矿十分恶劣的环境下，其传动系统中的齿轮副和支承轴承等关键零部件，在装配和运行过程中很容易受到损害而产生局部缺陷，从而导致机械故障。在工程实践中，提升机传动系统中的轴承和齿轮故障占提升机传动系统总故障的50%以上，尤其减速器齿轮局部损伤在各种齿轮啮合故障中占比较大。这些关键部件的故障和失效会造成严重的损失。因此，对提升机传动系统进行在线状态监测和早期故障诊断，在确保矿井提升系统安全稳定运行方面具有重要意义。

据统计，矿井提升机中减速器的故障率已经超出整个提升机系统总故障的60%，是整个提升机故障发生率最高的部件。提升传动系统的大部分维修费用也直接或间接地由减速器的故障引起。据统计，由该故障引起的操作和维修费用占到提升系统的20%～25%。受恶劣工作环境、重载荷长期连续运行等工作状况的影响，特别是提升机在运转初期和设备老化期，减速器的典型零部件(如齿轮、滚动轴承)容易出现各类典型故障，影响到该阶段提升机发生故障的频率，进而影响提升机系统整体运行的安全性和可靠性，这导致煤矿企业的生产效率下降，甚至造成巨大的经济损失和人员伤亡。为了更好地避免此类问题的发生，开展提升机减速器故障诊断技术研究，及时准确地识别出故障模式并找出故障位置，对提升机减速器健康运行状况进行实时监测具有至关重要的作用。保证提升机的运行效率，尤其对提升机日常不容易检查的位置，更应提高重视，最大程度地降低事故发生率也具有非常重要的意义。

随着理论深入的研究和技术手段的发展，旋转机械故障诊断技术已经取得了显著的效果。用于检测和诊断的信号有很多，目前应用最广泛的信号是机械振动信号。振动信号可以直观反映设备运行状态。作为发现故障至关重要的探测载体，振动信号解决了许多工程实际问题。一系列关于高速旋转设备异常状态信号采集和处理方法也日趋成熟。但对于长期工作在低速重载的大型机械旋转类传动设备的故障诊断一直是难以处理的问题。由于提升机减速器一直处于低速状态下运行，其轻微初期故障难以以幅值较大的冲击形式被传感器采集到。并且低速零部件的故障频率处于低频区，大型重载设备运行环境恶劣且具有强烈背景噪音，因此在低频区域的故障信号极可能淹没故障特征频率。这些因素都增加了特征频率的提取难度。由于长期工作在低速工况下的提升机减速器转速及载荷波动较为明显，所以采集信号幅值波动和频域内频率混叠现象发生，这大大增加特征提取的难度。低速重载旋转机械设备故障诊断技术在提升机减速器故障振动实践中应用成为难题。

近年来，随着开采强度增加，浅层煤炭资源已逐渐枯竭，煤炭开采正向深部发展。千米地下的深井开采将成为未来近几十年开采的必然趋势。为了实现高效高产的深井开采，提升机作为深井开采的四大主要机械之一，就需要随时实现高速重载的目标。提升机在频繁启停、高速（大于 10 m/s）和重载（大于 100 t）运行过程中，摩擦轮、减速器均处于长期高负载状态。减速器性能会逐渐退化，一旦引发恶性故障将导致重大事故，严重影响矿井安全生产。目前，煤矿生产企业为了提高提升机的可靠性，大多依靠的是对提升机进行定期维护和事后维修等方法，这增加维护成本或者导致维护过度。因此，有必要及时诊断出提升机故障并提前预警，动态监测提升机健康状态，减少恶性故障引发的非正常停机，保证矿井安全高效生产。

矿用提升机按工作原理不同，可分为缠绕式和摩擦式两种。随着矿井深度和提升载荷不断增加，缠绕式提升机的卷筒体积不断增大而应用越来越少。摩擦式提升机利用安装在主导轮（摩擦轮）上的衬垫与套在摩擦轮上的提升钢丝绳之间的摩擦力带动提升容器的升降，进而完成提升或下放重物的任务。这种结构使得提升机质量大大降低、转动惯量减小，进而减小电动机能耗，目前被广泛应用各大煤矿的提升系统。摩擦式提升机根据摩擦轮的安装位置不同可分为井塔式和落地式两种，如图 1-1 和图 1-2 所示。井塔式提升机因载荷垂直向下、稳定性好、布置紧凑等优点在我国煤矿提升系统中得到广泛应用。为了减小提升钢丝绳两端不平衡的动张力差，通常采用尾绳来平衡张力，提高运行的可靠性。因此，提升容器与钢丝绳连接处，应力将随容器的位置变化而变化。钢丝绳越长，应力波动越大。

（a）井塔式　　（b）落地式

图 1-1　多绳摩擦式提升机

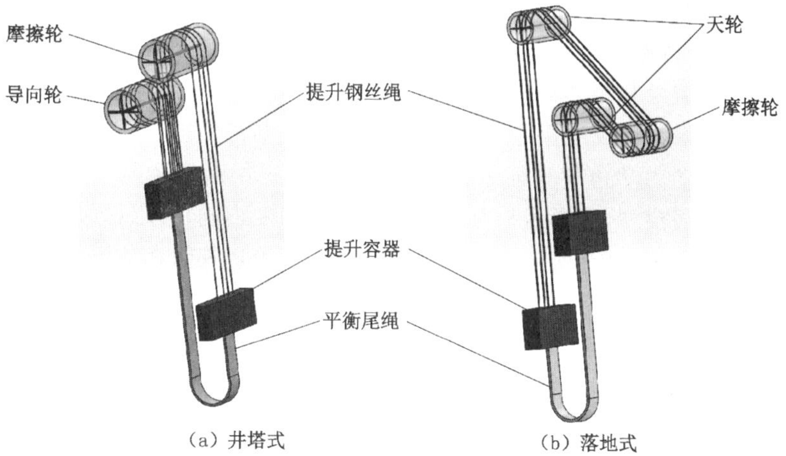

（a）井塔式　　（b）落地式

图 1-2　多绳摩擦式提升机工作原理

1.1 提升机减速器故障振动特征研究现状

目前提升机减速器振动特性的研究，主要采用解析的动力学建模和软件的有限元建模两种方法。解析的动力学建模是将提升机减速器的一部分简化成一系列集中质量点，而软件的有限元建模将一个物理模型离散成一系列简单的几何不相交的有限单元，通过组合所有元素的集合来获得系统响应。两种方法从不同角度进行分析，其计算精确程度与具体的算法有关，因此很难评判两种方法的优劣。

1.1.1 动力学建模方面

在动力学建模方面，主要是忽略次要相对无关因素，运用振动学、摩擦学、材料学、理论力学等相关理论，建立系统激励与振动响应模型，并使简化后的模型与实际情况相吻合。很多研究者在齿轮正常模型的基础上，模拟不同的故障类型，分析定轴齿轮箱发生故障时振动信号的特性以及非线性参数对齿轮系统动态响应的影响。

李永焯[1]将局部故障信号分为平稳性和冲击性两类，研究定轴轮系在典型故障下振动响应信号的时域频域特征，分析系统激励力和振动响应的对应关系，解析啮合调制边带和共振调制边带产生的机理，归纳出典型故障下定轴轮系的激励力信号和振动响应信号的数学模型，并结合仿真模型进行试验分析。其试验结果与仿真结果相符，验证了所提方法的正确性。

王旭[2]从动力学角度表征齿根裂纹故障与系统振动的映射关系，通过建立齿根裂纹扩展模型，分析齿根裂纹对齿轮啮合刚度影响，采用材料力学方法计算齿轮啮合刚度，结合实际齿轮箱振动信号噪声干扰等因素的影响，提出合理的故障特征提取方法。

林腾蛟[3]提出了一种斜齿裂纹故障时变刚度的改进算法，建立了含裂纹故障传动系统耦合动力学模型来模拟齿根裂纹振动响应，通过动力学仿真得出：在存在齿根裂纹时域响应中出现了以故障齿轮转动周期为周期的冲击现象，在频域响应中出现了以啮合频率及其倍频为中心的调制边带以故障齿轮转频为间隔的频谱。

魏禹[4]首先通过分析故障发生率较高的点蚀冲击作为激励，结合能量法和解析方法分析齿轮时变啮合刚度的变化情况；依据集中质量参数方法建立齿轮箱动力学方程，进一步分析齿轮早期故障的振动信号特性。

1.1.2 有限元建模方面

在有限元建模方面，很多学者创立模型进行模拟研究。

贵新成等[5]利用改进能量法和赫兹弹性理论构建了齿轮时变啮合刚度等解析模型，研究了节点附近参与啮合参数对齿轮强度的影响，探讨了不同加工误差对齿轮副承载特性的影响程度，利用有限元方法分析并验证了相关解析模型的正确与可行。

王峰等[6]建立考虑轴向窜动的人字齿轮承载接触分析模型，并分析安装误差及不同载荷下啮合刚度变化特性，应用遗传算法建立啮合刚度波动幅值的三维模型。

吴家腾[7]等提出齿轮时变刚度反求计算方法，并与解析法比较后，构建动态应力与齿轮时变啮合刚度反问题有限元模型，从而实现齿轮啮合刚度反向求解，所提方法显著提高求解精度，并具有较高的可靠性。

乔自珍[8]考虑齿轮轴承时变刚度及传动轴柔性，利用积分法求解多源时变激励两级齿轮的动力特性。

上述学者们一般针对不同故障类型、不同损伤程度导致的齿轮啮合刚度变化进行研究，通过集中参数模型和有限元仿真进行振动响应信号求解。他们虽然能够获得与实际信号一致性较好的仿真结果，但是所提出的模型建立复杂、求解难度大、频率成分来源解析不够直观。在实际工程中，信号故障特征往往表现在各阶啮合调制边带和共振区调制边带两个地方，系统故障激励力与表现出来的振动响应信号特征关系值得进一步深入研究。

1.2 智能故障诊断研究现状

智能故障诊断指通过研究旋转机械运行状态的变化，通过诊断信息来识别机械运行的状态。智能故障诊断实施过程主要包括以下几个方面：原始状态信号采集、故障信号处理与特征提取、故障特征评价与选择、故障模式识别与诊断推理等。智能故障诊断流程如图1-3所示。状态信号采集是故障诊断的前提。通过传感与测试技术可以获取设备实时运行状态信息。有效的信号处理与特征提取是整个故障诊断过程成功的关键。借助信号处理与特征提取技术对获得的状态信号进行分析处理，提取能够表征设备故障状态的特征信息。最终采用智能故障模式识别来诊断出故障类型。每一个流程性能的优劣均影响着最终的故障诊断准确率。在对智能故障诊断技术进行研究时,必须综合考虑上述每一个流程设计的合理性以及它们对最终诊断结果的影响程度,力图达到最佳的故障诊断效果。

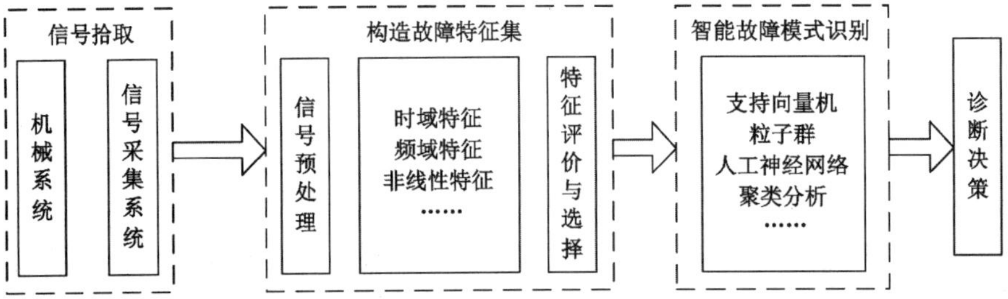

图 1-3 智能故障诊断流程

1.2.1 故障特征提取

振动分析法以其处理信号简单、在线监测直观易实现等优点,一直是设备状态监测与故障诊断最可靠的方法。而在实践生产应用中,大型复杂旋转机械长期运行在变转速工况下,转速变化引起振动信号易受强噪声干扰,进而导致从机械设备上测得的振动信号故障特征微弱,具有非平稳、非高斯等特点。这成为大型复杂旋转机械故障诊断的瓶颈。在振动信号故障诊断中,振动信号处理方法主要有时域分析、频域分析和时频分析三类方法。

时域分析是最早应用于特征提取的方法。该方法通过统计分析一些典型的时域内统计特征参数、指标来判断系统运行状态。时域统计参数以简单、物理意义明确等优点而应用于故障的诊断。常用的时域统计参数主要有平均值、均方根、方差、峭度等。均方值作为描述振动信号的振动强度,能够有效表征系统在运行过程中的磨损变化情况;峭度对振动中出现大幅度的陡然加剧的振动信号极为敏感,在故障诊断中通常被用来诊断和识别振动信号中的脉冲信息。但在强背景噪声下,时域统计参数的效果就显得不太理想。相关分析是时域分析的常用方法。自相关分析研究的是信号自身在时移前后状态的相关性,互相关分析研究的是两种信号之间的相关性。相关分析是从噪声中提取有用信号的一种方法,在设备状态监测与故障诊断中得到广泛的应用。时域统计方法一般仅作为设备故障的初步诊断参考,不能确定设备故障的类型和位置,有一定的局限性。

早期的频域分析是以傅立叶变换为核心的经典谱分析方法。该方法主要思想是定位与机械故障特征有关的特定频率分量。在处理非平稳信号时，通常采用计算加窗形式，其本质是利用快速傅立叶变换估计有限长度的平稳随机信号进而估计总功率在频域的分布情况。因此该方法不可避免会产生能量泄漏。

时频分析是现阶段应用于旋转机械特征提取研究领域的主流分析方法。该方法能够充分反应每个频率随时间的变化情况，将信号呈现在时间、频率、能量密度的三维空间中。时频分析的目的是同时在时间和频率上表示信号的能量，克服时域分析和频域分析只能单独刻画信号而在时域和频域的全局特征上刻画的不足。时频分析能够提供信号在时域和频域的联合能量密度函数。利用这个函数可以计算信号在某一特定时刻的频率密度。几种常用的时频分析方法有短时傅立叶变换（short-time Fourier transform，STFT）、小波变换（wavelet transform，WT）、覆盖原子分解、匹配追踪、经验模式分解（empirical mode decomposition，EMD）、局部均值分解（local mean decomposition，LMD）、希尔伯特-黄变换（Hibert-Huang transform，HHT）等多种方法以及其改进版本。

（1）STFT

STFT 实现信号从时域到频域变换。STFT 是运用一个带宽窗函数，沿着振动信号的时间轴移动将信号在时域进行截取，使之覆盖整个振动信号的时域范围的方法。通过分析各段频谱特性随时间的变化得出信号的时变特性。STFT 又称为加窗傅立叶变换。窗函数的类型及宽度的选取影响 STFT 变换的结果。窗长设定自适应性不强，需要根据信号自身特点设定。窗函数宽度较大时，频域分辨率较高但却是以牺牲时域分辨率为代价的。窗函数宽度较小时，时域分辨率较高但牺牲了频域分辨率。这就使得信号在时域和频域的分辨率无法同时达到最优。该方法只能粗略地解释信号的时频结构。由于 STFT 是局部区间上的傅立叶变换，所以该方法更适应于准平稳信号或者长周期准平稳信号，而不适用分析非平稳信号的局部时频特性。

任勇[9]在 STFT 时频分析中，引入最小信息熵准则的自适应方法来确定窗长，提出自适应 STFT 方法，有效提高时频分辨率能力。

包文杰等[10]提出一种快速路径参数化的 STFT 变换，自适应地改变时窗长度以获得更恰当的时频分辨率，并应用该方法实现行星齿轮箱故障诊断。

（2）WT

WT 继承了 STFT 的局部化思想，克服了窗口宽度固定的局限，是一种窗口宽度可调的非平稳性信号分析方法。滑动窗随尺度因子变化。在高频段，尺度因子较小，滑动窗宽度小，谱窗宽度大，相应时间分辨率高而频率分辨率低;在低频段,尺度因子较大,滑动窗宽度也大,谱窗宽度小,相应时间分辨率低而频率分辨率高。小波变换包括连续小波变换(continuous wavelet transform,CWT)、离散小波变换(discrete wavelet transform,DWT)和小波包变换(wavelet packet transform,WPT)。良好的时频特性使得WT广泛应用于机械故障诊断。

任雪平等[11]提出改进可调Q因子小波变换(tanable-Q wavelet transform,TQWT)滚动轴承早期故障诊断,通过设定好的Q因子区域范围分解若干分量,对各分量解调,根据特征频率强度系数自适应地确定TQWT的最佳分解参数而实现最优分解分析地提取故障特征信息。

张鑫等[12]通过DWT变换重构小波系数的方法获得小波分量。

WT广泛应用于故障诊断。WT存在的缺点是小波基函数的选择问题。基函数与原信号相似度越高,提取故障特性越好。小波基函数一旦确定,在分解过程中就不能再改变,在信号处理过程中缺乏局部特征的自适应性。小波在频段间存在严重能量泄漏问题。这些因素在一定程度上制约小波变换方法的应用。

信号稀疏分解和小波变换等方法类似,可视为基函数展开的扩展。信号分析性能取决于基函数选择是否合适。若基函数与信号的主要成分相似,则通过少数基函数组合即可精确地逼近信号,展开结果稀疏,最终信号表示简单明了。若基函数与信号的特征结构相去甚远,则需要使用大量基函数才能精确地逼近信号,导致信号分散,不利于信号的分解与重构。信号稀疏分解方法的核心问题是从字典库中构造出与信号匹配的字典,并用最小数目字典和稀疏系数求解。原子分解可以通过过完备的字典库中自适应地选择一些最优原子来实现对任意信号的表征。字典构造方法主要有解析法和学习法。稀疏系数求解一般方法有框架分解、匹配追踪、凸松弛优化等算法。原子分解具有自适应性强、结果稀疏和信号损失少等优点而广泛应用于旋转机械故障特征提取。

王华庆等[13]结合变分模态分解提出改进K-SVD字典学习的稀疏表示方法。该算法优化目标函数与约束条件,构造出准确匹配故障冲击成分的字典并构建残差阈值改进的正交匹配追踪算法来实现稀疏重构。

张晗等[14]通过采用逐级匹配形态分析,优化重构算法求解信号稀疏表示,通过交替投影理论和逐级正交匹配追踪算法来实现信号重构。

(3) EMD

EMD是一种自适应的使用较为广泛的分解方法。与小波分解不同,

EMD 本身构造基函数，具有局部特性的自适应性，根据自身特性能将任意一个复杂信号分解为若干具有明确物理意义的单成分本征模态函数(intrinsic mode function，IMF)之和。每个 IMF 包含着不同尺度的原始信号，再通过解调求解每个 IMF 分量的瞬时频率。EMD 是以瞬时频率表征信号时变特征，以 IMF 为时域基函数的时频分析方法。良好的自适应性使得 EMD 在旋转机械故障诊断中得到广泛应用。

郑近德等[15]提出自适应经验傅立叶分解。该方法克服 FFT 变换、EMD 和 FFT 分解分析非平稳信号的不足，以 STFT 为基础，通过变换系数进行分组重构，自适应地将非平稳信号分解为若干 FIMF 之和。

陈强强等[16]提出 EMD 和模糊熵的滚动轴承故障诊断法，根据 EMD 分解后的各 IMFs 分量的模糊值进行样本分位数的特征提取。

詹瀛鱼等[17]提出解相关多频率 EMD，在原始信号中添加多个频率的掩蔽信号进行 EMD，通过计算相邻 IMF 的相关系数并解耦，进一步分离 IMF 中混叠部分，得到最优 IMF，再从原始信号中减去最优 IMF，直到残余分量为常数或单调。

虽然 EMD 在处理信号中有许多优势，但是 EMD 是缺乏数学理论支持的，在实际运用中仍有一些不足。针对 EMD 模式分解时受其算法约束，易出现模态混叠且只对一维实信号有效等问题，部分学者相继提出了 EMD 的改进方法，包括总体经验模态分解(ensemble empirical mode decomposition，EEMD)、复信号经验模态分解(complete ensemble empirical mode decomposition，CEEMD)和二维经验模态分解(bidimensional empirical mode deconposition，BEMD)等，采用噪声辅助分析，一定程度上克服了模态混叠的不足，然而对于加入辅助噪声的强度上没有统一标准。

这些方法也仍面临一个相同的问题，即对噪声敏感，不适用于强噪声或者微弱故障的情况。与此同时，一些新的降噪和特征提取技术得到发展，诸如最小熵解卷积(minimum entropy decomvolution，MED)、二阶循环平稳方法、谱峭度等方法，有效提取信号中隐藏的故障冲击成分。

(4) LMD

LMD 是一种处理非平稳非线性信号的方法。该方法同样能自适应地将任意一个复杂信号分解为一组具有物理意义的单分量乘积形式的函数之和。通过该方法得到的每一个乘积函数(PF 分量)是由一个调幅信号和一个纯调频信号相乘积的形式。通过迭代分离调频项和调幅项来反应信号内在本质，进而可以得到原始信号的时频分布。包络信号就是 PF 分量的瞬时幅值，而

PF分量的瞬时频率则可以由纯调频信号直接求出。将所有PF分量的瞬时幅值和瞬时频率组合,便可以得到原始信号完整的时频分布。该方法能够在一定程度上解决EMD存在的端点效应问题。该方法不应用经验模式分解中的三次样条拟合,而是通过数据平滑方法获得单分量。根据局部信号的极值点,得到包络估计函数和局部均值函数,实现对信号的连续分离。通过经验模式分解获得的本质模式函数,不包含相邻极值点之间没有过零点的波动模式。但是,通过局部均值分解得到的乘积函数,可以包含没有过零点的波动模式。因此,乘积函数比经验模式分解本质模式函数蕴涵更多的幅值和频率波动信息。局部均值分解没有应用三次样条插值,而是通过数据平滑获得单分量,提供一种全新的信号单分量分解方法。和经验模式分解相比,局部均值分解能够保持更多幅值和频率的波动信息。基于纯粹调频信号的瞬时频率计算方法能够有效避免由调幅效应引起的误差,避免瞬时频率出现负值。目前LMD已经被应用到机械故障诊断中,并取得一定的效果。

张坤等[18]提出快速自适应LMD,通过顺序滤波器取代三次样条拟合求取信号上下包络线的均值来获得局部均值函数及包络估计函数。他们提出的方法改变了LMD的终止条件,提高了运算速率,减少了对极值点的依赖,在一定程度上抑制了端点效应。

杨斌等[19]提出最优参数最大相关峭度解卷积与ELMD相结合的复合故障诊断方法。这种方法的基本流程为先应用最大相关峭度解卷积提取滚动轴承主故障,再通过ELMD去除主故障信息,最后利用最优参数进行故障诊断。

杜冬梅等[20]提出基于峭度、歪度的LMD,利用峭度值和歪度值最大分量筛选并重构故障信号。

(5) 其他非线性分析

其他非线性分析主要针对旋转机械的振动信号在实际工程中所表现出的非线性特性的信号提取特征的方法。在以往信号分析之前,要先对原始信号进行非线性处理使其转化为线性平稳信号。原始信号处理后,重要的非线性状态信息容易丢失,进而导致提取到的信号不能真实反映非线性振动的本质有效状态特征。随着非线性理论发展,非线性特征提取方法日趋成熟。随机共振理论、流行学习、循环平稳分析、盲源分离、决策树理论等非线性理论在机械振动信号非线性特征提取方面得到广泛应用。

综上所述,STFT需要使用固定的窗口,WT需要预知小波基函数,这两种算法对其计算结果有着很大的影响并且无自适应性。信号稀疏分解同样需要从字典库中构造出与信号匹配的字典用最小数目字典和稀疏系数。针对非线性、非平稳性以及冲击特性的齿轮振动信号，EMD可以根据振动信号的本身特点，进行自适应分解，最终得到与信号相关的一系列分量。但由于传统的EMD存在模态混叠现象，LMD在一定程度上解决了模态混叠现象。应用改进的LMD对早期齿轮故障信号进行预处理，将包含故障信息较多的分量重构成一个信号，为下一步齿轮故障诊断奠定基础。

1.2.2 故障特征选择

原始信号经多种域度信号处理后所得的特征量能够为后续的故障诊断模型提供充足的运行状态信息。但是，典型的时域和频域统计特征集以及时频域和非线性方法也得到一系列时频域特征和时域非线性特征，这些特征组成的高维故障特征集若都用于后续的智能故障诊断，必然会引发维度剧增，严重增加了计算量而降低了诊断效率。过多的特征量用于后续智能故障诊断系统的输入时，一些非敏感特征干扰分类精度，势必会造成分类精度不增而反降的过拟合等问题，从而导致最终的故障诊断准确性下降。因此，为解决上述问题，有必要依据一定的测度准则从原始特征集中提取维度适中且具有良好评价能力的特征子集对分类进行直接或间接地估计，即特征选择。

特征选择又称为特征敏感度学习，旨在以某一种准则为依据从原始特征集中获取一组对故障较为敏感、维度适中的特征子集。目前主要通过两种方式获得特征子集。

① 特征维度约减，即将原始高维度特征集通过映射方式到低维度特征空间内。特征维度约减又分为两类：一类为成分分析类约减方式，如主成分分析、核主成分分析、独立成分分析等。这些方法都是以各成分分量的二阶或高阶统计分析为基础，将原始高维度数据映射或变换得到低维特征向量。另一类为流行学习，是目前维度约减的主流方法之一。该方法以高维度特征集中的几何分布规律为依据，实现挖掘其低维本质流行结构的目的。面向旋转机械故障特征维度约减的流行学习算法研究已成为机械故障诊断领域的研究热点之一，并取得了丰硕的研究成果。现阶段较为成熟的流行学习算法如局部保持投影、线性局部切空间排列、张量子空间分析等已经在齿轮箱、滚动轴承等旋转机械故障诊断中得到应用分析。

② 特征评价，即以某种恰当的评判准则选出对评价得分最佳的维度适中的一组子特征集，删除得分较低的特征。该方法能够减少计算量，同时能够提高后续模式识别的准确率。特征评价中每个特征的自身属性均未发生变化，而维度约减后得到的特征通常为原始特征集中部分或全部特征的线性或非线

性组合，因此这些特征的自身属性已经发生变化。特征选择的研究主要集中在制定评价准则及选择搜索策略两个方面。常见的评价准则有：距离测度、相关性测度、信息测度和一致性测度。它们的评价标准均属于对数据内在属性的衡量，不依赖于具体的算法。常用的搜索策略主要有全局最优搜索、启发式搜索和随机搜索。

宋洋等[21]提出基于改进距离相似度的故障可分离性分析方法。

苟先太等[22]通过特征评价方法去除冗余特征，将最优特征子集输入支持向量机识别横向减振器的故障类型。

葛江华[23]利用多传感器信息融合的二阶张量特征作为输入，构建了一个支持向量机和集成矩阵距离测度的 k 最近邻分类器决策融合故障诊断模型。

1.3 运行状态监测技术研究现状

依据《煤矿机电设备完好标准》中矿井提升系统的安全运行准则，应该定期对矿井提升机进行停机并做技术测定。国内煤矿企业对于矿井提升机仍以维护为主，通过定期更换机油，定期检修设备，定期观测油温、油质等来判断提升机减速器的健康状况。随着数字化程度不断提高，煤矿行业中大型机械设备的服役安全性能要求不断提高。大型机械设备故障预测和健康管理技术便不断朝着综合化、复杂化和智能化方向发展。状态维护技术相比事后维修或定期维修，具有成本低、更能确保设备长期安全稳定运行的优势，将被动反应性维修向主动先导性的维修。对提升系统运行状态实时监测，通过监测数据分析其健康状态，以确保提升系统运行的安全性、可靠性和可用性。一套完备的机械设备故障诊断与健康管理系统主要包括特征提取、数据处理、操作识别和预测及报警等功能，如图 1-4所示。

针对提升机系统的状态监测及故障诊断问题，国内外学者研发了相应的故障诊断与监测管理系统。

张潇涵[24]对多绳摩擦和缠绕提升系统的天轮故障进行分析研究，利用有限元模态分析，确定故障特征参数，构建摩擦轮实时状态监测系统，基于隐马尔可夫诊断模型预测寿命。

郑宗晓[25]利用搭建的摩擦提升试验台研究制动系统和主轴装置的远程监测和诊断系统。

张聪[26]根据当前云技术，针对矿井突水安全实际问题和虚拟化的计算机软硬件资源，结合突水知识库相关方法，研究矿井突水安全保障系统云平台的

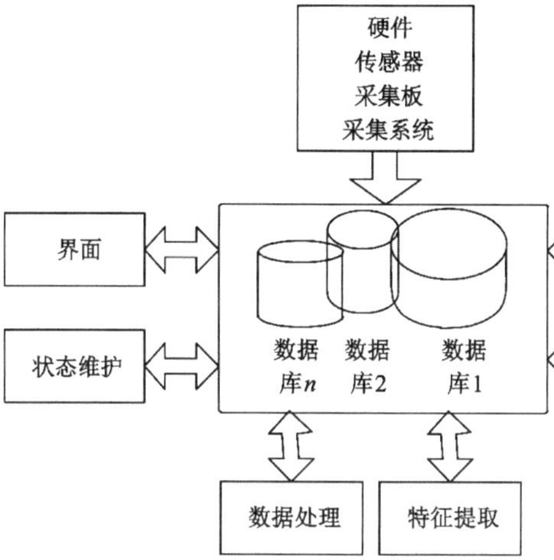

图 1-4　故障预测与健康状态监测系统功能模块

内容、框架以及实现问题，实现矿山突水信息采集、数据分析、预控等功能。

国外在大型机械设备的监测与健康状态管理系统的应用已经十分广泛，并日趋成熟。国内近几年也非常关注该领域的研发，并取得飞速的进步。但国内设计的故障诊断和健康状态系统信息采集种类相对单一，缺乏较为成熟的健康评估体系。

1.4　现有研究存在问题

目前已有的齿轮箱故障诊断系统的研究，多是在土木、交通等领域，而在矿山领域特别是针对一些关键的大型低速大扭矩设备的齿轮箱故障诊断系统的研究却是很少。矿山大型重载传动设备运行过程中振动和噪声较大，在强背景噪声干扰严重的情况下，信号中原本所包含的一些早期的故障特征信息容易被淹没在强噪声中，这使得提取出的信息特征出现误差，甚至会出现失真、畸变等情况。准确有效地从故障振动信号中提取故障特征频率一直是故障诊断的瓶颈问题。现有的研究成果尚不能完全解决矿山机械的故障诊断及故障识别等问题。其中面临的主要难点如下：

(1) 强背景噪声下低速大扭矩减速器的特征信息提取

矿井提升机是大型低速重载传动设备。在运行过程中，矿井提升机振动和噪声较大。作为重要传动部件的减速器工作在恶劣环境下，造成信号采集器从现场采集的信号包含大量的噪声成分。由于传感器只能安装在齿轮箱或轴承座上，所以采集到的信号是由齿轮到轴再到轴承座或经过润滑油到齿轮箱，最终被传感器采集到的。振动信号在传递过程中会掺杂大量噪声。故障信号在传递过程中逐渐衰减，信号中所包含的微弱特征信息容易被淹没，提取的信号中含有故障特征的信号通常非常微弱、信噪比低。由于传感器本身的影响，在采集信号时，也会产生采集误差。因此采集到的微弱故障信号不能完全还原信号的特征。

（2）低频域内频率混叠

提升机减速器一直处于低速状态下运行，其轻微初期故障信号难以以幅值较大的冲击形式被传感器采集到，同时低速零部件的故障频率处于低频区，在低频区域的故障信号极可能淹没故障特征频率，这些因素都增加了特征频率的提取难度。此外，提升机减速器长期工作在低速工况下，转速及载荷波动也较为明显，导致采集信号幅值波动和频域内频率混叠现象发生，大大增加了故障特征提取的难度。

（3）非线性和非平稳特性

矿井提升机减速器属于大型旋转机械中的重要传动部件，始终在重载变速的复杂工况下工作。传感器所采集到的振动信号受到箱体等其他振源以及环境噪声的影响，通常成分较为复杂。当发生故障时，齿轮运转过程中会产生时变的激励源，采集到的振动信号的非线性和非平稳性以及不确定性明显。

第 2 章　提升机减速器振动特性及故障特征分析

井塔式多绳摩擦提升机主要包括摩擦轮、钢丝绳、提升容器、减速器、电动机、传动轴及各轴系轴承等。减速器传动齿轮的故障是提升机故障的重要原因之一。长期工作在低速重载及变载状态下，减速器传动齿轮工作环境相对恶劣。在实际运行中，除了提升容器高度发生变化以外，提升机提升速度和提升载荷也随时间改变。减速器传动齿轮一直处在变速变载荷工况下。载荷的波动会影响齿轮的振动特征。变速提升过程载荷时刻变化导致齿轮故障时常发生。提升系统作为一个整体，提升容器的不平稳运行导致钢丝绳纵向振动，这种振动作为外部载荷激励波动作用到提升机减速器上会影响减速器振动特征。提升系统运行状态可以通过提取振动信号中的有用信息进行识别，因此有必要分析变速载荷波动下提升机减速器故障状态的振动特征及振动影响因素，并且有必要分析变工况下提升机减速器的动态特性。

在构造提升机减速器振动模型基础上，从提升系统的运动学和动力学角度，分析正常与故障状态下外部载荷激励、齿轮啮合刚度和误差、局部冲击故障脉冲序列对齿轮振动的影响；研究提升机减速器齿轮振动特性与提升载荷之间的关系；建立典型故障振动信号特征模型，通过模型分解形式，分别推导出正常啮合、平稳型故障和局部冲击型故障下振动响应信号频率特征规律，直观展示出相关频率成分产生机理，为提升机减速器故障信号特征提取提供理论指导。

2.1　矿井提升机减速器振动特性分析

2.1.1　减速器建模

在矿井提升系统中，减速器是传动系统的关键部件。在监测减速器内部齿轮工作状态过程中，有效提取出齿轮运行状态相关的可靠特征是关键任务之一。减速器内部结构复杂，很难通过模型来全部模拟出其内容所有细节。为了简要说明齿轮存在故障时减速器振动响应信号在啮合过程中的特征规律，基于减速器中一对齿轮的啮合过程进行分析，解析振动信号各频率成分的来源及物理意义。矿井提升系统属于多振源激励系统，很难直接通过求解齿轮副的运动微分方程来得到对应的振动响应。采用将齿轮振动的激励源转化为时变的啮合刚度，再建立齿轮动力学模型进行相关分析。

在正常匀速工况下，单级齿轮传动的动力学模型可以简化成如图 2-1 所示。

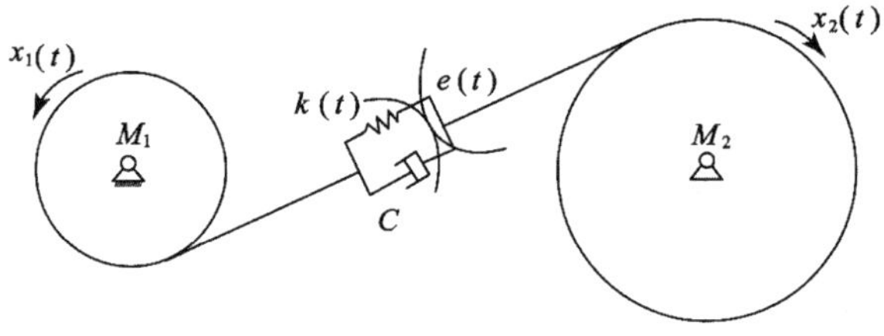

图 2-1　齿轮啮合模型

轮齿啮合点处的动力学方程可以表示为：

$$M_1[\ddot{x}_1(t)-\ddot{x}_2(t)-\ddot{e}(t)]+C[\dot{x}_1(t)-\dot{x}_2(t)-\dot{e}(t)]+k(t)[x_1(t)-x_2(t)-e(t)]=F_s+f_{im}(t) \tag{2-1}$$

$$M_2[\ddot{x}_1(t)-\ddot{x}_2(t)-\ddot{e}(t)]+C[\dot{x}_1(t)-\dot{x}_2(t)-\dot{e}(t)]+k(t)[x_1(t)-x_2(t)-e(t)]=-F_s-f_{im}(t) \tag{2-2}$$

式中　$x_1(t)$，$x_2(t)$——轮齿在啮合线上的相对位移；

C——轮齿啮合阻尼系数，可简化为常数；

$k(t)$——齿轮时变啮合刚度，随时间呈周期性变化；

M_1，M_2——两齿轮的等效质量；

F_s——齿轮正常运行时外界负载对提升系统施加的静态力激励；

$e(t)$——平稳型位移误差，由平稳型故障引发的啮合点延坐标轴方向的相对位移变化量；

$f_{im}(t)$——冲击型故障激励力，即齿轮通过故障点时引起的脉冲序列。

将式(2-1)和式(2-2)分别乘以 M_1 和 M_2 并相减，得：

$$M_1M_2[\ddot{x}_1(t)-\ddot{x}_2(t)-\ddot{e}(t)]+(M_1+M_2)\{C[\dot{x}_1(t)-\dot{x}_2(t)-\dot{e}(t)]+k(t)[x_1(t)-x_2(t)-e(t)]\}=(M_1+M_2)[F_s+f_{im}(t)] \tag{2-3}$$

令 $M_{12}=\dfrac{M_1M_2}{M_1+M_2}$，$x(t)=x_1(t)-x_2(t)$，则式(2-3)变为：

$$M_{12}[\ddot{x}(t)-\ddot{e}(t)]+C[\dot{x}(t)-\dot{e}(t)]+k(t)[x(t)-e(t)]=F_s+f_{im}(t) \tag{2-4}$$

式中　M_{12}——质量当量；

$x(t)$——轮齿在啮合线上的相对位移。

由式(2-4)可知，引起齿轮传动系统的激励包括外部激励、内部激励和局部故障引起的冲击型激励。提升机减速器的振动主要源自以下三个方面。

① 外部激励主要是指输出扭矩激励(F_s)。外部激励是随提升机受载后载荷的变化而产生的外部激励，与齿轮的误差和故障无关。

② $e(t)$为平稳型位移传动误差，表示平稳型故障啮合点延坐标轴方向的相对位移变化量，是在加工制造和安装中不可避免的误差。当齿轮有故障时，齿轮的啮合刚度会有所改变，从而引起齿轮的啮合振动。齿轮振动信号中的啮合频率及其谐波也会有所改变。齿轮磨损、偏心等故障会增大齿轮啮合误差，从而改变 $e(t)$使齿轮产生振动。

③ $f_{im}(t)$为局部故障在齿轮进入啮合时产生的冲击型故障激励力，为齿轮通过故障点时引起的冲击型脉冲序列。在齿轮副运行过程中，某一局部缺陷或故障会引起传动齿轮的内部激励。例如，在长期运行过程中，由于润滑不良、工作载荷不平稳等因素，齿轮齿面负载过大，进而导致齿面疲劳、点蚀、擦伤、磨损和裂纹甚至断裂等。

2.1.2　齿轮啮合刚度和误差对减速器齿轮振动影响分析

根据数学模型可知，齿轮啮合刚度、误差以及啮合冲击是齿轮啮合过程中所产生的主要内部激励。主要考虑齿轮啮合刚度激励和误差激励，忽略啮合冲击激励。在正常工作状态，轮齿变形量的改变造成啮合刚度呈动态周期性波动。这种啮合刚度周期性波动会引起齿轮产生周期性振动。

在矿井提升系统中，采用的减速器是人字齿减速器。人字齿相比于直齿、斜齿，具有啮合冲击小、传递扭矩平稳等特点，能够实现大功率、大传动比、大扭矩传动。人字齿的啮合刚度与斜齿的啮合刚度有极大的相似性。人字齿可以看成是两个单边斜齿的叠加。人字齿的啮合刚度的变化幅度要比斜齿的更为平缓。人字齿的重合度较大；轮齿是逐渐进入啮合并逐渐退出啮合的，是由多个单齿刚度合成的。人字齿的啮合刚度不同于直齿的啮合刚度，不存在明显的阶跃突变现象，呈现出类似于正弦曲线的变化规律，可等效成正弦波，如

图 2-2 所示。在目前的齿轮动力学研究中，齿轮啮合刚度函数一般可表示为傅立叶级数和的形式，其表达式见式(2-5)。人字齿的啮合刚度是斜齿的 2.3 倍，这一结论已具有普遍的适用性。

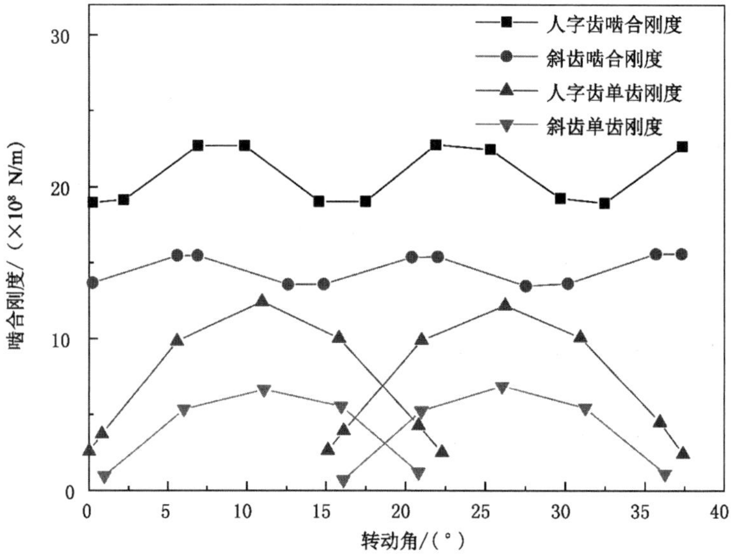

图 2-2　不同齿形啮合刚度

$$k(t)=k_0+k_1(t)=k_0+\sum_{m=1}^{M}k_m\cos(2\pi m f_z t)=k_0+\sum_{M}k_m \mathrm{e}^{\mathrm{j}2\pi m f_t} \quad (2\text{-}5)$$

式中　k_0——齿轮副的平均啮合刚度；

k_m——傅立叶系数，为各阶啮合刚度变化幅值；

f_z——啮合频率。

啮合频率 f_z 计算公式为：

$$f_z=z_1 f_{\mathrm{n1}}=z_2 f_{\mathrm{n2}}$$

式中　z_1,z_2——啮合齿轮对应的齿数；

$f_{\mathrm{n1}},f_{\mathrm{n2}}$——啮合齿轮对应的齿轮转频。

将式(2-5)带入式(2-4)整理得：

$$M_{12}\ddot{x}(t)+C\dot{x}(t)+k_0 x(t)=F_{\mathrm{s}}-k_1(t)x(t)+k_1(t)e(t)+f_{\mathrm{im}}(t) \quad (2\text{-}6)$$

式(2-6)为单自由度的线性方程。因此，矿井提升系统可以看成是左边为线性系统、右边为激励力的形式。依据线性系统理论，响应与激励具有对应的频率成分，因此系统响应频率是外载荷频率、谐振型信号频率和冲击型故障信号频率的叠加。

2.2　钢丝绳振动影响下减速器载荷特征分析

多绳摩擦式提升机的钢丝绳是搭放在摩擦衬垫上的。当多绳提升机开始工作时，摩擦衬垫会受到拉紧的钢丝绳的巨大正压力。减速器由电动机带动时，由于摩擦力存在，钢丝绳将会跟随摩擦轮一起运动，以此来实现提升容器的升降。在不同阶段的过渡点(即加速度的转折点)，钢丝绳张力的突变导致钢丝绳发生抖动，这种抖动可认为钢丝绳受脉冲激励产生的振动。

钢丝绳的纵向振动作为外部激振源波动对提升机减速器的动态特性影响较大，特别是在启动加速和制动减速过程中，钢丝绳张力变化尤为明显。忽略钢丝绳横向振动及扭转的作用，建立钢丝绳纵向振动的动力学模型，并对其应用伽辽金法求解，最终进行仿真求得提升机空载侧和重载侧钢丝绳的弹性振动曲线。从钢丝绳产生纵向振动的角度研究提升机运行阶段，钢丝绳的动张力波动及垂直振动对减速器振动影响。

钢丝绳可以看作是具有一定刚度的弹性元件。在提升机加速、减速或紧急制动时，钢丝绳会储存或释放能量，引起钢丝绳弹性形变而产生剧烈振动。在钢丝绳牵引提升容器运行的过程中，刚性罐道存在的缺陷通过提升容器对钢丝绳产生力的作用，从而使钢丝绳产生纵向弹性振动。对提升钢丝绳的垂直振动建模，能够为提升系统振源成分分析提供理论基础。在垂直方向上，钢丝绳纵向弹性振动作为减速器外部负载激励源波动作用在减速器上。针对提升系统垂直方向振动的研究多集中在提升机启动加速和制动减速所引起的钢丝绳张力变化上，而针对钢丝绳弹性振动引起的减速器振动的研究较少。分析钢丝绳弹性振动作为波动引起的减速器振动响应是不容忽视的。罐道的各种故障使提升容器在垂直方向受到力的作用，此时钢丝绳相当于受到运动载荷而产生波动，从而产生纵向弹性振动而引起减速器齿轮振动。这个提升容器-钢丝绳振动-减速器齿轮振动的关系需要进一步研究。

有尾绳多绳摩擦式提升机钢丝绳的力学模型如图 2-3 所示。钢丝绳纵向振动动力学模型的建立与分析的前提条件为：① 忽略钢丝绳横向振动及扭转对动力学特性的影响；② 在整个运动过程中多根钢丝绳视为具有相同截面积的单根钢丝绳，且具有连续和均匀性；③ 提升容器视为质量体，钢丝绳长度随时间变化的曲线视为轴向弦线；④ 不考虑摩擦力的影响，同时忽略井道内气流的影响。

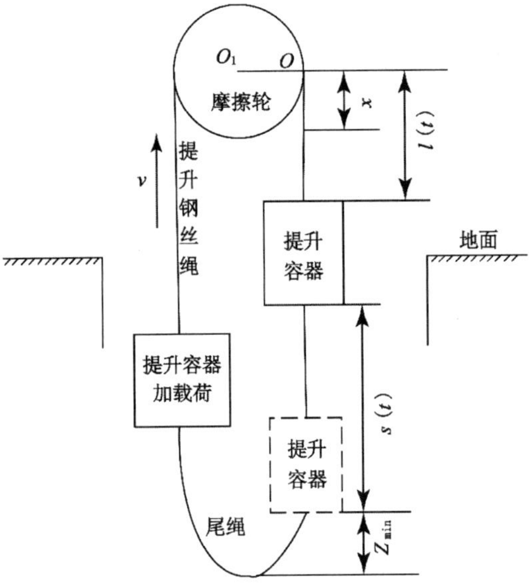

图 2-3 有尾绳多绳摩擦提升钢丝绳力学模型

2.2.1 多绳摩擦提升机钢丝绳垂直数学模型建立

假设将提升系统的摩擦轮与钢丝绳切点设置为坐标原点，考虑提升系统为刚性系统，因此忽略横向振动而只考虑钢丝绳纵向振动的影响。在 t 时刻，位于垂直提升主绳位置 x 处某一质点的纵向振动位移为 $u(x,t)$，取垂直向下为正方向，则提升钢丝绳在 x 处绝对位移为：

$$R = x(t) + u(x,t) \tag{2-7}$$

则 x 处速度表示为：

$$V = \frac{\mathrm{d}R}{\mathrm{d}t} = \frac{\mathrm{d}x}{\mathrm{d}t} + \frac{\mathrm{d}u(x,t)}{\mathrm{d}t} + \frac{\mathrm{d}u(x,t)}{\mathrm{d}x}\frac{\mathrm{d}x}{\mathrm{d}t} = v + u_t + u_x v \tag{2-8}$$

式中　u_x, u_t——u 对 t 和 x 的偏导数，以下同。

x 处提升钢丝绳的准静张力 $T_1(x,t)$ 为该点的静张力 $P(x,t)$ 与弹性力

$ES\varepsilon(x,t)$之和，其数学表达式为：

$$T(x,t)=P(x,t)+EA\varepsilon(x,t) \tag{2-9}$$

$$P(x,t)=[M+\rho(l(t)-x)]g \tag{2-10}$$

式中　E——钢丝绳弹性模量，N/m^2；

S——钢丝绳横断面积，m^2；

ES——钢丝绳抗拉刚度；

$\varepsilon(x,t)$——钢丝绳在空间位置 x 处、t 时刻的正应变，且 $\varepsilon(x,t)=u_x(x,t)$。

由式(2-10)可得到：

$$\begin{cases}P(l,t)=Mg\\P(0,t)=(M+\rho l)g\\P_x=-\rho g\end{cases} \tag{2-11}$$

下面应用汉密尔顿原理推导垂直提升钢丝绳纵向振动方程。提升系统动能为：

$$E_k=\frac{1}{2}MV_g^2+\frac{1}{2}\rho\int_0^h V^2\mathrm{d}x \tag{2-12}$$

$$M=m+Q+\rho_2[Z_{\min}+s(t)] \tag{2-13}$$

$$V_g=\left.\frac{\mathrm{d}R}{\mathrm{d}t}\right|_{y=l(t)} \tag{2-14}$$

式中　M——容器及载物质量；

ρ_2——尾绳的线密度；

$Z_{\min}$——容器在最低点时尾绳的最小悬垂长度；

$s(t)$——提升容器的提升高度，$\dot{s}(t)=-v$。

提升系统势能为：

$$E_p=\int_0^{l(t)}P(x,t)\varepsilon(x,t)\mathrm{d}x+\frac{1}{2}\int_0^{l(t)}EA\varepsilon(x,t)^2\mathrm{d}x-\int_0^{l(t)}\rho g u(x,t)dx-Mg[s(t)+u(0,t)] \tag{2-15}$$

提升系统虚功为：

$$\begin{aligned}\delta W&=-c_1\frac{Du(l,t)}{Dt}\delta(l,t)-c_2\frac{Du(0,t)}{Dt}\delta(0,t)\\&=-c_1[v+u_t(l,t)+vu_x(l,t)]\delta(l,t)-\end{aligned}$$

$$c_2[v+u_t(0,t)+vu_x(0,t)]\delta(0,t) \tag{2-16}$$

式中 $\frac{D}{Dt}$——微分算子，$\frac{D}{Dt}=\frac{\partial}{\partial t}+v\frac{\partial}{\partial x}$；

c_1,c_2——提升容器和摩擦轮的阻尼系数。

根据汉密尔顿原理可得，

$$\int_{t_1}^{t_2}(\delta E_{\mathrm{k}}-\delta E_{\mathrm{p}}+\delta W)=0 \tag{2-17}$$

联立式(2-12)、式(2-15)、式(2-16)、式(2-17)，结合系统边界条件 $\delta W(0,t)=\delta W(l,t)=0$，应用变分运算和分部积分算法，求得垂直提升钢丝绳纵向振动方程为：

$$-\rho(\dot{v}+u_{tt}+\dot{v}u_x+2vu_{xt}+v^2u_{xx})+T_x+EAu_{xx}+\rho g=0$$
$$(0<x<l(t)) \tag{2-18}$$

该方程边界条件为：

$$EAu_x+T-c_2(v+u_t+vu_x)=0(x=0) \tag{2-19}$$

$$-M(\dot{v}+u_{tt}+\dot{v}u_x+2vu_{xt}+v^2u_{xx})-T+EAu_x+$$
$$Mg-c_1(v+u_t+vu_x)=0(x=l) \tag{2-20}$$

2.2.2 钢丝绳垂直振动及其对减速器载荷影响

伽辽金法作为求解微分方程适用范围较广一种方法，是通过基函数分段接近原泛函数的一种数值解法来求方程近似解。利用余量的加权积分为零，从而得到微分方程的近似数值解。利用伽辽金法将所研究的煤矿带有尾绳的摩擦式多绳提升机垂直振动偏微分方程转化为有限维常微分方程。其将有限 n 项基函数进行累加，将原来复杂的非线性偏微分方程转化为一组可以满足自然边界条件易于求解的线性方程。在激励作用下，垂直提升钢丝绳的动位移为：

$$u(x,t)=\sum_{j=1}^{n}\psi_j(\xi)q_i(t) \tag{2-21}$$

$$\psi_j(\xi)=\varphi_j(\xi)/\sqrt{l(t)}$$

$$\varphi_j(\xi)=\sqrt{2}\sin\left(\frac{2j-1}{2}\pi\xi\right)$$

式中 $q_i(t)$——广义坐标；

N——所含模数；

n——方程维数。

n 决定所求结果的精度，其取值越大，结果精度越高，但同时计算量会随之增大。一般根据实际情况选取 n 值。

$$u_t = l^{-\frac{1}{2}} \sum_{j=1}^{n} \varphi_j(\xi) q'_j(t) - \frac{1}{2} l^{-\frac{3}{2}} v \sum_{j=1}^{n} \varphi_j(\xi) q_j(t) - l^{-\frac{3}{2}} v\xi \sum_{j=1}^{n} \varphi'_j(\xi) q_j(t) \tag{2-22}$$

$$u_{tt} = l^{-\frac{1}{2}} \sum_{j=1}^{n} \varphi_j(\xi) q''_j - vl^{-\frac{3}{2}} \sum_{j=1}^{n} \varphi_j(\xi) q'_j - 2l^{-\frac{3}{2}} v\xi \sum_{j=1}^{n} \varphi'_j(\xi) q'_j - \frac{a}{2} l^{-\frac{3}{2}} \sum_{j=1}^{n} \varphi_j(\xi) q_j + \frac{3}{4} l^{-\frac{5}{2}} v^2 \sum_{j=1}^{n} \varphi_j(\xi) q_j + 3\xi l^{-\frac{5}{2}} v^2 \sum_{j=1}^{n} \varphi'_j(\xi) q_j + l^{-\frac{5}{2}} v^2 \xi^2 \sum_{j=1}^{n} \varphi''_j(\xi) q_j - a\xi l^{-\frac{3}{2}} \sum_{j=1}^{n} \varphi'_j(\xi) q_j \tag{2-23}$$

$$u_x = l^{-\frac{3}{2}} \sum_{j=1}^{n} \varphi'_j(\xi) q_j(t) \tag{2-24}$$

$$u_{xx} = l^{-\frac{5}{2}} \sum_{j=1}^{n} \varphi''_j(\xi) q_j(t) \tag{2-25}$$

$$u_{xt} = l^{-\frac{3}{2}} \sum_{j=1}^{n} \varphi'_j(\xi) q'_j - \frac{3}{2} vl^{-\frac{5}{2}} \sum_{j=1}^{n} \varphi'_j(\xi) q_j - v\xi l^{-\frac{5}{2}} \sum_{j=1}^{n} \varphi''_j(\xi) q_j \tag{2-26}$$

将式(2-22)至式(2-26)代入垂直提升钢丝绳纵向振动控制方程式(2-18)可得：

$$-\rho\{a + l^{-\frac{1}{2}} \sum_{j=1}^{n} \varphi_j(\xi) q''_j - vl^{-\frac{3}{2}} \sum_{j=1}^{n} \varphi_j(\xi) q'_j - 2l^{-\frac{3}{2}} v\xi \sum_{j=1}^{n} \varphi'_j(\xi) q'_j - \frac{a}{2} l^{-\frac{3}{2}} \sum_{j=1}^{n} \varphi_j(\xi) q_j + \frac{3}{4} l^{-\frac{5}{2}} v^2 \sum_{j=1}^{n} \varphi_j(\xi) q_j + 3\xi l^{-\frac{5}{2}} v^2 \sum_{j=1}^{n} \varphi'_j(\xi) q_j + l^{-\frac{5}{2}} v^2 \xi^2 \sum_{j=1}^{n} \varphi''_j(\xi) q_j - a\xi l^{-\frac{3}{2}} \sum_{j=1}^{n} \varphi'_j(\xi) q_j + al^{-\frac{3}{2}} \sum_{j=1}^{n} \varphi'_j(\xi) q_j + 2v[l^{-\frac{3}{2}} \sum_{j=1}^{n} \varphi'_j(\xi) q'_j - \frac{3}{2} l^{-\frac{5}{2}} v \sum_{j=1}^{n} \varphi'_j(\xi) q_j - l^{-\frac{5}{2}} \sum_{j=1}^{n} \varphi''_j(\xi) q_j] +$$

$$v^2 l^{-\frac{5}{2}} \sum_{j=1}^{n} \varphi_j''(\xi) q_j \} + EAl^{-\frac{5}{2}} \sum_{j=1}^{n} \varphi_j''(\xi) q_j = 0 \tag{2-27}$$

方程(2-27)两边同时乘以 $l^{-\frac{1}{2}}\varphi(\xi)$，并在(0,1)上积分；利用边界条件可得：

$$\begin{aligned}
&-\rho a l^{\frac{1}{2}} \sum_{i=1}^{n} \int_0^1 \varphi_i(\xi) \mathrm{d}\xi - \rho \sum_{i=1}^{n} \sum_{j=1}^{n} \int_0^1 \varphi_i(\xi)\varphi_j(\xi) \mathrm{d}\xi q_j'' + \\
&\rho v l^{-1} \sum_{i=1}^{n} \sum_{j=1}^{n} \int_0^1 \varphi_i(\xi)\varphi_j(\xi) \mathrm{d}\xi q_j' + \rho 2 l^{-1} \sum_{i=1}^{n} \sum_{j=1}^{n} \int_0^1 \varphi_i(\xi)\varphi_j'(\xi) \mathrm{d}\xi q_j' + \\
&\rho \frac{a}{2} l^{-1} \sum_{i=1}^{n} \sum_{j=1}^{n} \int_0^1 \varphi_i(\xi)\varphi_j(\xi) \mathrm{d}\xi q_j' - \frac{3}{4}\rho v^2 l^{-2} \sum_{i=1}^{n} \sum_{j=1}^{n} \int_0^1 \varphi_i(\xi)\varphi_j(\xi) \mathrm{d}\xi q_j - \\
&3\rho\xi v^2 l^{-2} \sum_{i=1}^{n} \sum_{j=1}^{n} \int_0^1 \varphi_i(\xi)\varphi_j'(\xi) \mathrm{d}\xi q_j - \rho v^2 \xi^2 l^{-2} \sum_{i=1}^{n} \sum_{j=1}^{n} \int_0^1 \varphi_i(\xi)\varphi_j''(\xi) \mathrm{d}\xi q_j + \\
&\rho a \xi l^{-1} \sum_{i=1}^{n} \sum_{j=1}^{n} \int_0^1 \varphi_i(\xi)\varphi_j'(\xi) \mathrm{d}\xi q_j - \rho a l^{-1} \sum_{i=1}^{n} \sum_{j=1}^{n} \int_0^1 \varphi_i(\xi)\varphi_j'(\xi) \mathrm{d}\xi q_j - \\
&\rho 2 v l^{-1} \sum_{i=1}^{n} \sum_{j=1}^{n} \int_0^1 \varphi_i(\xi)\varphi_j'(\xi) \mathrm{d}\xi q_j' + 3\rho v l^{-2} \sum_{i=1}^{n} \sum_{j=1}^{n} \int_0^1 \varphi_i(\xi)\varphi_j'(\xi) \mathrm{d}\xi q_j + \\
&2\rho v l^{-2} \sum_{i=1}^{n} \sum_{j=1}^{n} \int_0^1 \varphi_i(\xi)\varphi_j''(\xi) \mathrm{d}\xi q_j - \rho v^2 l^{-2} \sum_{i=1}^{n} \sum_{j=1}^{n} \int_0^1 \varphi_i(\xi)\varphi_j''(\xi) \mathrm{d}\xi q_j + \\
&EAl^{-2} \sum_{i=1}^{n} \sum_{j=1}^{n} \int_0^1 \varphi_i(\xi)\varphi_j''(\xi) \mathrm{d}\xi q_j = 0
\end{aligned} \tag{2-28}$$

整理后将垂直提升钢丝绳微分方程纵向控制方程转化为有限维常微分方程形式。

$$M(t)q'' + C(t)q' + K(t)q = F(t) \tag{2-29}$$

将式(2-28)整理成式(2-29)形式。在式(2-29)中 $M(t)$、$C(t)$、$K(t)$、$F(t)$分别为 t 时刻提升系统质量、阻尼、刚度及广义力。其元素值分别为：

$$m(t) = -\rho \sum_{j=1}^{n} \int_0^1 \varphi_j(\xi) \mathrm{d}\xi \tag{2-30}$$

$$\begin{aligned}
c(t) = &\rho v l^{-1} \sum_{j=1}^{n} \int_0^1 \varphi_j(\xi) \mathrm{d}\xi + 2\rho l^{-1} \sum_{j=1}^{n} \int_0^1 \varphi_j'(\xi) \mathrm{d}\xi + \frac{a}{2}\rho l^{-1} \sum_{j=1}^{n} \int_0^1 \varphi_j(\xi) \mathrm{d}\xi - \\
&2\rho v l^{-1} \sum_{j=1}^{n} \int_0^1 \varphi_j'(\xi) \mathrm{d}\xi
\end{aligned} \tag{2-31}$$

$$k(t) = -\frac{3}{4}\rho v^2 l^{-2} \sum_{j=1}^{n} \int_0^1 \varphi_j(\xi) \mathrm{d}\xi - 3\rho\xi v^2 l^{-2} \sum_{j=1}^{n} \int_0^1 \varphi_j'(\xi) \mathrm{d}\xi -$$

$$\rho v^2 \xi^2 l^{-2} \sum_{j=1}^{n} \int_0^1 \varphi''_j(\xi)\mathrm{d}\xi + \rho a \xi l^{-1} \sum_{j=1}^{n} \int_0^1 \varphi'_j(\xi)\mathrm{d}\xi - \rho a l^{-1} \sum_{j=1}^{n} \int_0^1 \varphi'_j(\xi)\mathrm{d}\xi +$$

$$3\rho v l^{-2} \sum_{j=1}^{n} \int_0^1 \varphi'_j(\xi)\mathrm{d}\xi + 2\rho v l^{-2} \sum_{j=1}^{n} \int_0^1 \varphi''_j(\xi)\mathrm{d}\xi - \rho v^2 l^{-2} \sum_{j=1}^{n} \int_0^1 \varphi''_j(\xi)\mathrm{d}\xi +$$

$$EAl^{-2} \sum_{j=1}^{n} \int_0^1 \varphi''_j(\xi)\mathrm{d}\xi \tag{2-32}$$

$$f(t) = -\rho a l^{\frac{1}{2}} \tag{2-33}$$

考虑上述广义坐标的初始条件，如果提升系统的初始位移 $u(x,0)$，初始速度 $v(x,0)$已知，利用式(2-30)至式(2-33)求得的各元素值，运用软件对微分方程(2-29)进行求解，进而可得到广义坐标 $q_m(t)$的值。最终把其代入公式(2-21)即可得到垂直提升钢丝绳纵向振动 $u(x,t)$的实时值。

对于小康矿主井多绳摩擦提升系统，使用的提升机是 4 绳有尾绳摩擦式提升机。该提升机平衡尾绳有 2 根。提升钢丝绳的弹性模量为 10^{11} N/m^2；提升钢丝绳的线密度为 8.23 kg/m；提升钢丝绳的单根绳长约 638 m，直径 38 mm，质量 3.74 t；箕斗载质量为 20 t；提升容器运行距离为 275 m；提升钢丝绳主加速度为 2.04 m/s^2，最大提升速度为 5.95 m/s。平衡尾绳的线密度为 16.16 kg/m；平衡尾绳单根绳长约 510 m，质量 5.942 t；箕斗载质量为 14 t。多绳摩擦提升系统一个单向行程的时间为 80 s。依据钢丝绳垂直方向动力学模型，通过仿真得到提升机运行过程中钢丝绳加速度曲线，如图 2-4 所示。

由图 2-4 可以看出，当刚性罐道无缺陷时，此时提升系统处于正常运行过程中，在加速阶段(0～15 s)和减速阶段(60～72 s)，钢丝绳垂直方向上存在振动，即钢丝绳在垂直方向的振动只发生在加、减速阶段。这是因为提升系统处于变速运行时，提升容器所受的广义力不为零，这就使得广义坐标函数 $q(t)$不为零，此时提升容器振动加速度也不为零。当提升容器振动的频率为 ω_m 时，提升容器振动加速度随钢丝绳长度的变化频率也有小幅变化。当提升机运行在匀速阶段时，提升容器所受的广义力为零，这时提升容器的振动加速度理论上也为零。

在提升系统运行过程中，重载侧质量大，引起惯性也较大，因此重载侧振动幅值较大；空载侧振动幅值相对较重载侧的小，而且空载侧振荡时间也比重载侧的略有减小，空载侧趋于稳定的时间也较短。

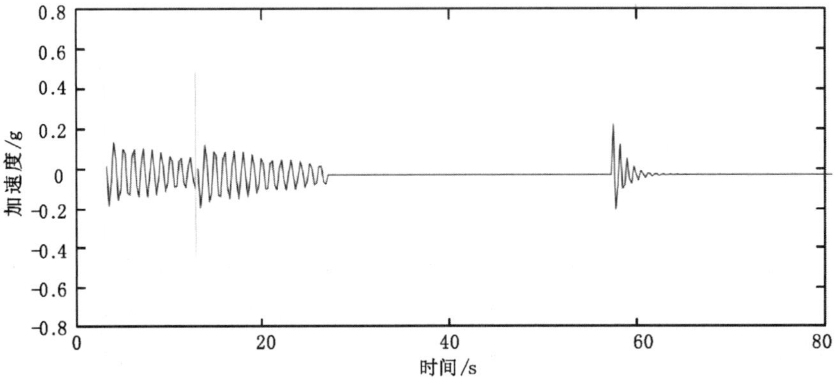

(a) 空载提升时钢丝绳加速度曲线

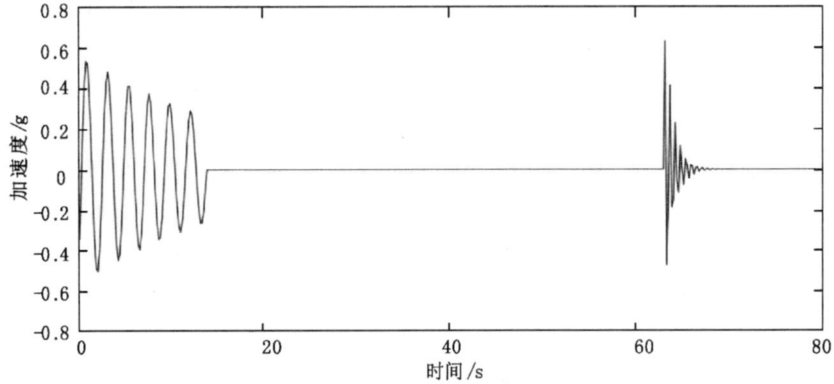

(b) 重载提升时钢丝绳加速度曲线

图 2-4 有尾绳多绳摩擦提升系统钢丝绳动力学模型

2.3 变工况下减速器振动特性研究

在提升机正常工作过程中，减速器处于变速变载荷工况下，减速器传动齿轮的力与运行速度是周期变化的。提出可靠的减速器振动特性模型能够为实现变工况下减速器的故障诊断提供理论依据。

2.3.1 减速器受力分析

对于小康矿主井塔式多绳摩擦提升机，将摩擦轮的转动惯量折算到摩擦轮上，并忽略摩擦轮的阻尼作用，多绳摩擦提升机物理模型可以简化成图 2-5 所示的，其对应的简化力学模型如图 2-6 所示。提升容器与刚性罐道的碰撞会引起钢丝绳纵向弹性振动，从而产生一定的动张力。这就意味着，减速器的负载除了包含定量煤炭载荷外还包括钢丝绳所产生的动载荷。

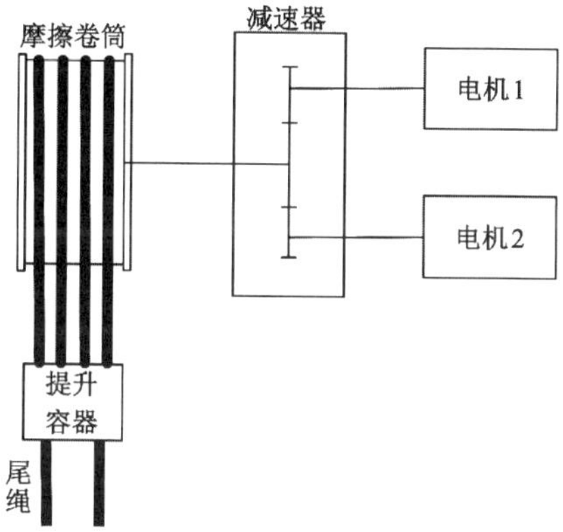

图 2-5　多绳摩擦提升机物理模型

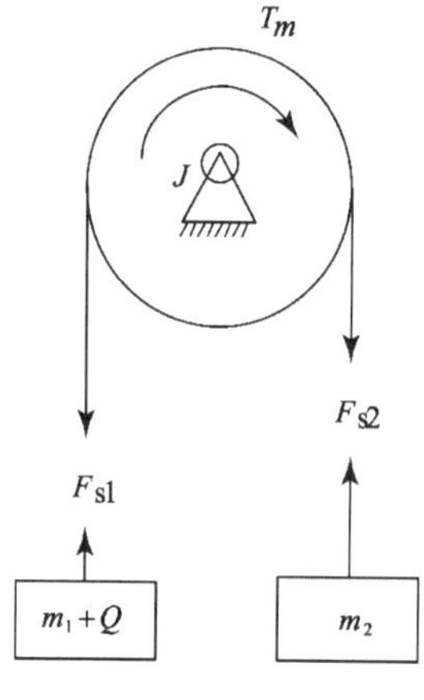

图 2-6　多绳摩擦提升机力学模型

在图 2-6 所示的多绳摩擦提升机力学模型中，假设提升容器 m_1 向上运行方向为正，提升容器 m_2 向下运动的方向为正，摩擦轮顺时针转动方向为正，则多绳摩擦式提升机的动力学方程为：

$$J\ddot{\theta}+F_{s1}\cdot R-F_{s2}\cdot R=M_m \tag{2-34}$$

式中　J——摩擦轮转动惯量，kg · m²；

θ——摩擦轮转动角位移，rad；

R——摩擦轮半径，m；

M_m——减速器对摩擦轮作用的外力矩，kg·m^2；

F_{s1}，F_{s2}——钢丝绳对摩擦轮的作用力，包含钢丝绳的动张力 $T(x,t)$ 和提升载荷的重力，N。

F_{s1} 和 F_{s2} 为：

$$F_{s1} = m_1 g + k_n Q g + \rho l_1 g + T_1(0,t) \tag{2-35}$$

$$F_{s2} = m_2 g + \rho l_2 g + T_2(0,t) \tag{2-36}$$

式中 m_1，m_2——两个提升容器的质量，kg；

Q——提升载荷，kg；

k_n——矿井阻力系数，k_n 取 1.15（箕斗提升时），k_n 取 1.2（罐笼提升时）；

l_1，l_2——上升侧和下放侧钢丝绳任意时刻的长度，m；

ρ——钢丝绳单位长度质量，kg/m；

$T_1(0,t)$，$T_2(0,t)$——摩擦轮上升侧和下降侧摩擦轮处钢丝绳初始动张力，N。

将式(2-35)和式(2-36)代入式(2-34)，得到减速器对摩擦轮作用的外力矩为：

$$M_m = J\ddot{\theta} + (m_1 - m_2)gR + \rho(l_1 - l_2)gR + k_n QgR + [T_1(0,t) - T_2(0,t)]R \tag{2-37}$$

由作用力与反作用力的原理可知，摩擦轮作用于减速器输出轴上的力为：

$$F_m = [M\ddot{y} + (m_1 - m_2)g + \rho(l_1 - l_2)g + k_n Qg + T_1(0,t) - T_2(0,t)] \cdot R/r_b \tag{2-38}$$

式中 F_m——作用在与摩擦轮相连的一级齿轮副上的力，N；

M_m——摩擦轮的等效质量，kg；

y——摩擦轮沿圆周方向上的线位移，m；

r_b——与摩擦轮直接相连的齿轮基圆半径，m。

减速器中任意一对齿轮副上所受外力 F_s 为：

$$F_s = F_m / i \tag{2-39}$$

式中 i——传动比。

由上述推理可知，减速器所受外力与提升容器 m_1、m_2 的重力、钢丝绳的重力、提升静载荷及摩擦轮处钢丝绳的动张力有关。提升系统重载提升和空载提升所需拖动力不同。作用在与摩擦轮直接相连的一级齿轮副上的外力有以下 2 种情况。

① 重载提升时，

$$F_m = [M_{12}\ddot{y} + (m_1 - m_2)g + \rho(l_1 - l_2)g + k_n Qg + T_1(0,t) - T_2(0,t)] \cdot R/r_b \tag{2-40}$$

② 空载提升时，

$$F_m = [M_{12}\ddot{y} + (m_1 - m_2)g + \rho(l_1 - l_2)g + T_1(0,t) - T_2(0,t)] \cdot R/r_b \tag{2-41}$$

提升机的外部载荷 F_s 在提升过程中主要由提升静载荷、提升容器、钢丝绳长度以及钢丝绳内部动张力组成。其中，由提升静载荷、提升容器以及钢丝绳重力组成的平稳的时变外部激励被认为是常量。在时域上随着拖动力的变化，时变外部激励振动幅值会发生变化。在频域上存在故障的特征频率的幅值也会随着不同阶段的拖动力变化而变化，通常可以通过折算到时变啮合刚度上。另一部分由于提升容器在提升过程中，提升容器与刚性管道之间的相互作用而引起钢丝绳在垂直方向上的动张力波动变化，作用在减速器上产生时变的负载激励波动。

由式(2-40)和式(2-41)可知，减速器所受外力中钢丝绳的动张力是时变的。各齿轮副上所受外力为波动力。齿轮振动幅值也会随着波动力变化而时大时小。当减速器系统存在故障时，钢丝绳纵向振动作为外部载荷激励波动，在对振动信号分析处理时，提取故障特征的频谱图中可能会出现钢丝绳的振动频率。

2.3.2　提升机减速器变工况振动

提升系统所受外力是不断变化的。提升系统运动力学分析的根本任务是确定合理的加速度与减速度、各运行阶段的延续时间以及与之相对应的容器行程，并绘制出速度图和加速度图。在理论上，提升机的运行速度和拖动力具有阶段性变化的特点，如图 2-7 所示。

① t_0 阶段为提升机初加速阶段。在此阶段，要保证提升容器离开卸载曲轨并开始运行。为避免对井架及曲轨造成冲击，因此提升机加速度不会很大，仅是需要克服惯性及提升载荷而已。

② t_1 为提升机主加速提升阶段。在此阶段，提升机加速度较大，提升机会一直加速，直到其速度达到最大提升速度。

③ t_2 为提升机匀速提升阶段。在此阶段，提升机以最大恒定速度提升载荷。

④ t_3 为提升机主减速提升阶段。在此阶段,提升机速度快速减速到爬行速度。

⑤ t_4 为提升机爬行阶段。在爬行阶段,提升容器上升到井口以上并已进入卸荷曲轨。为了减少对井架及曲轨造成冲击,提升容器以低速爬行。

⑥ t_5 为提升机抱闸制动停车阶段。提升容器到达停车位置。

对于罐笼提升系统,因为没有卸载曲轨的限制,所以不需要提升机初加速度阶段,提升机开始就以较大的加速度加速,但是为了准确停车,提升机需要有一段爬行阶段。普通罐笼提升采用五阶段速度提升。提升机无论是在哪种工况下运行,当图 2-7(a)所示的提升机加速度大小发生变化时,图 2-7(b)所示的加、减速段拖动力会相应变化;当提升系统的外部激励载荷变化时,如图 2-7(b)中所示的对应阶段的提升机拖动力斜线会整体上下平移。无论提升机加速度大小如何变化,在主加速段 t_1 或减速段 t_3 提升机拖动力最大。在提升过程中,由于钢丝绳动张力的存在,所以图 2-7(b)所示的拖动力会发生小幅波动。

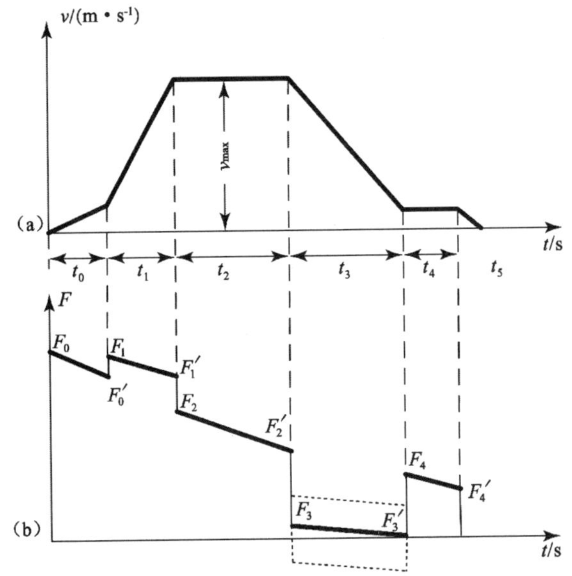

图 2-7 矿井提升机运行特性

2.4　减速器典型故障振动信号特性模型构建

2.4.1　减速器故障信号特征

由减速器啮合处动力学建模可知，当存在故障时，提升减速器振动信号的特征不论是时域信号还是频域信号，都包括下列频率成分。

① 减速器齿轮轴的旋转频率及其倍频：在轴系不对中、轴不平衡、齿轮偏心、局部裂纹、断齿等故障时，齿轮轴的旋转频率及其倍频处的振幅随故障的严重程度而不断恶化。

② 齿轮啮合频率及其倍频：当减速器中轮齿出现均匀磨损、齿轮点蚀等平稳型故障时，齿轮啮合频率及其倍频处的振幅随故障的严重程度而不断恶化。且在啮合频率及其谐波周围将调制出无限的以故障频率为间隔的边带簇，振幅随故障的恶化而加大。

③ 共振带处存在以故障齿轮转频及其倍频为调制频率的调制边带：当减速器发生严重的局部故障时，啮合刚度的突变会引起更大的振动，这类冲击故障不但对齿轮啮合频率进行调制，通常还会激起减速器系统中部件的结构共振（主要包括齿轮的结构共振和减速器箱体的结构共振）。振动信号表现为在齿轮共振带上出现一簇或多簇等间隔的谱线。

通过上述分析可知，减速器旋转轴频率及其倍频、齿轮啮合频率及其倍频、齿轮啮合频率周围的边频带，系统共振带处这些频率成分的变化在齿轮故障诊断中是非常重要的。下面理论推导不同健康状态下，提升机减速器振动信号的特征，以便为后期寻求有效的振动信号处理方法，进行故障诊断提供理论指导。

2.4.2　正常工作状态信号特征

提升机减速器中的齿轮在正常工作状态下是没有缺陷的。当齿轮副工作时，一对单齿从进入啮合到脱离分开，齿数会从一对演变成两对之后再变成一对，在此周而复始的过程中啮合刚度也会随之变化，因此齿轮振动主要由于齿轮受载后的静弹性形变和自身的刚度共同作用引起的弹性激励力。因此，式(2-6)中平稳型位移误差函数 $e(t)$ 和冲击型故障激励力 $f_{\mathrm{im}}(t)$ 均为 0，式(2-6)可进一步简化为：

$$M_{12}\ddot{x}(t)+C\dot{x}(t)+k_0x(t)=F_s(t)-k_1(t)x(t) \tag{2-42}$$

式(2-42)为单自由度方程。式(2-42)可以看出,式(2-42)右侧是引起齿轮振动的主要激励振源。由于 $k_1(t)x(t)$ 是非线性项,因此该方程难以得到精确解。但是式(2-42)可以被看成左边为线性系统、右边为激励力的形式。根据频率保持特性,响应与激励具有对应的频率成分,因此式(2-42)可进一步分解成以下形式产生的强迫振动。根据线性系统的叠加原理,响应信号的频率分布特征可以视作为式(2-43)和式(2-44)两个方程的线性叠加。

$$M_{12}\ddot{x}(t)+C\dot{x}(t)+k_0x(t)=F_s(t) \tag{2-43}$$

$$M_{12}\ddot{x}(t)+C\dot{x}(t)+k_0x(t)=-k_1(t)x(t) \tag{2-44}$$

式(2-43)的激励部分 $F_s(t)$ 是提升机的外部载荷力。提升机的外部载荷力主要由提升静载荷、提升容器、钢丝绳长度以及钢丝绳内部动张力组成。其中,一部分是由提升静载荷、提升容器以及钢丝绳重力作为平稳的时变外部激励,可以认为是常量,通常可以折算到时变的啮合刚度上。而另一部分由于提升容器在提升过程中,提升容器与刚性罐道之间的相互作用而引起钢丝绳在垂直方向上的动张力波动变化,进而产生时变的负载波动,当存在周期性的工况变化时,动张力波动会对减速器的振动信号产生额外的弹性激励力。由2.2节分析可设钢丝绳垂直方向作用在减速器上的振动频率为 f_v。

$F_s(t)$ 为可视为线性激励,其引起系统的振动响应信号频率特征与激励力相同,为啮合频率 f_z 及其高阶倍频,以钢丝绳振动频率 f_v 及其倍频为调制频率的调制边频带,如图 2-8(a)所示。该频率特征是由于齿轮受载后的静弹性变形 E 和啮合动刚度 $k_1(t)$ 作用诱发的弹性激励力导致的,见式(2-45)。

$$\begin{aligned} f_{11}(t) &= F_s(t) \\ &= -Ek_1(t) \\ &= -\sum_{\substack{m_1=-M,\\ m_1\neq 0}}^{M} A_{m_1}\mathrm{e}^{\mathrm{j}2\pi m_1 f_v t}\sum_{\substack{m_2=-M,\\ m_2\neq 0}}^{M} k_{m_2}\mathrm{e}^{\mathrm{j}2\pi m_2 f_z t} \\ &= -\sum_{\substack{m_2=-M,\\ m_2\neq 0}}^{M}\sum_{\substack{m_1=-M,\\ m_2\neq 0}}^{M} A_{m_1}k_{m_2}\mathrm{e}^{\mathrm{j}2\pi(m_1 f_z+m_2 f_v)t} \end{aligned} \tag{2-45}$$

式(2-44)的激励部分 $f_{12}(t)$ 为非线性激励,只考虑占主导的啮合频率成分与啮合动刚度 $k_1(t)$ 的相互作用,见式(2-46)。根据时域乘积、频域卷积的性质,式(2-44)的振动响应信号频率特征仍为啮合频率 f_z 及其高阶倍频,但会发现倍频的阶数会更高,如图 2-8(b)所示。

$$
\begin{aligned}
f_{12}(t) &= -k_1(t)x(t) \\
&= -\sum_{\substack{m_1=-M,\\ m_1\neq 0}}^{M} G_{m_1}\mathrm{e}^{\mathrm{j}2\pi m_1 f_z t}\sum_{\substack{m_2=-M,\\ m_2\neq 0}}^{M} K_{m_2}\mathrm{e}^{\mathrm{j}2\pi m_2 f_z t} \\
&= -\sum_{\substack{m_1=-M,\\ m_1\neq 0}}^{M}\sum_{\substack{m_2=-M,\\ m_2\neq 0}}^{M} G_{m_1}K_{m_2}\mathrm{e}^{\mathrm{j}2\pi(m_1+m_2)f_z t}
\end{aligned} \tag{2-46}
$$

因此，在正常工作状态下，齿轮的激励力 $f_1(t)$ 可用式(2-47)表示，系统 $y_1(t)$ 为系统传递函数 $h(t)$ 与激励力 $f_1(t)$ 的卷积，见式(2-48)。系统激励力和振动响应信号的频率分布特征相同，均表现为啮合频率 f_z 及其高阶倍频，如图 2-8(c)所示。正常无故障的啮合刚度周期性变化是齿轮系统振动的主要激振源之一。但是响应信号的频率幅值受到传递函数及非负反馈等因素的影响，响应信号的幅值特征与激励力的不同。

$$
f_1(t) = \sum_{m=1}^{M} a_m\cos(2\pi m f_z t + \theta_m) \tag{2-47}
$$

$$
\begin{aligned}
y_1(t) &= h(t)\times\Big[\sum_{m=1}^{M} a_m\cos(2\pi m f_z t + \theta_m)\Big] \\
&= \sum_{m=1}^{M}\bar{a}_m\cos(2\pi m f_z t + \bar{\theta}_m)
\end{aligned} \tag{2-48}
$$

当减速器运行在健康工作状态时，减速器振动信号反映在频域上主要是啮合频率及其高次谐频，并且以啮合频率为主，高次谐频逐次减小。齿轮副的啮合频率及其倍频的幅值较低。齿轮的振动信号整体较为平稳。只有一小部分高频成分出现了调频现象，其频谱中以啮合频率及其倍频为中心频率的一系列边频带，这些边频带的间隔为钢丝绳振动周期频率 f_v。但由于这些成分能量较为微弱，因此，健康工作状态下，均以啮合频率 f_z 及其高阶倍频为主频，因此并不会对提升机的正常运行产生太大的影响，如图 2-9 所示。当提升机减速器系统存在故障时，若对振动信号进行分析处理，提取故障特征，则在信号频谱图中钢丝绳的振动频率可能会显现出来。

2.4.3　平稳型故障振动信号特征

当齿轮出现轴线不对中、齿轮偏心、齿形误差以及加工制造误差或装配不良引起缺陷等平稳型故障时，提升系统将产生随故障齿轮转频而周期变化的位移激励，从而改变位移误差，进而使齿轮产生振动。平稳型位移误差 $e(t)$ 为：

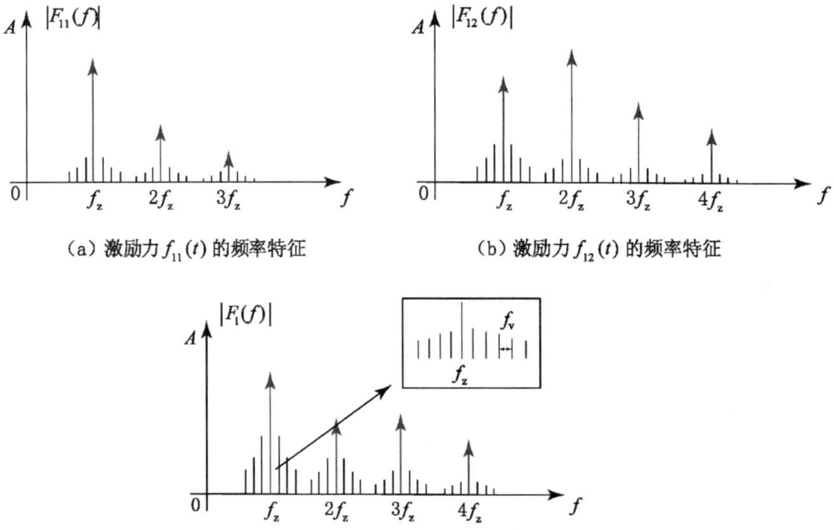

（a）激励力 $f_{11}(t)$ 的频率特征　　（b）激励力 $f_{12}(t)$ 的频率特征

（c）叠加后响应信号的频率特性

图 2-8　在正常状态下减速器振动响应频率特征示意图

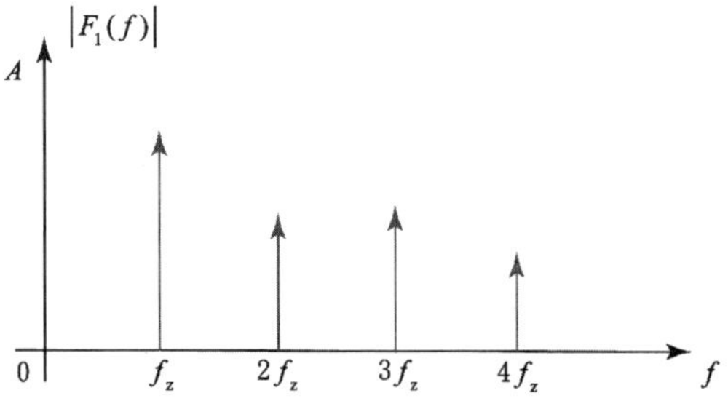

图 2-9　正常工作状态下信号频率特性

$$e(t)=\sum_{l=1}^{L}b_l\cos(2\pi l f_n t)=\sum_{L}B_l e^{j2\pi l f_n t} \tag{2-49}$$

式中　b_l——第 m 阶谐波的幅值，为简化推导，令各阶相位均为 0；

B_l——对应的傅立叶系数；

f_n——故障齿轮所在轴的转频。

当齿轮发生平稳型故障时，式(2-6)中忽略冲击型故障激励力 $f_{\mathrm{im}}(t)$，则该啮合点动力学方程为：

$$M_{12}\ddot{x}(t)+C\dot{x}(t)+k_0x(t)=-F_{\mathrm{s}}(t)+[M_{12}\ddot{e}(t)+C\dot{e}(t)+k_0e(t)]+k_1(t)e(t)-k_1(t)x(t) \tag{2-50}$$

式(2-50)等号右边为提升系统激励力，其左边视为线性系统。在不考虑幅值的前提下，式(2-50)可分解成以下四个部分，以进行振动响应信号频率特征分析。

$$M_{12}\ddot{x}(t)+C\dot{x}(t)+k_0x(t)=-F_{\mathrm{s}}(t) \tag{2-51}$$

$$M_{12}\ddot{x}(t)+C\dot{x}(t)+k_0x(t)=M_{12}\ddot{e}(t)+C\dot{e}(t)+k_0e(t) \tag{2-52}$$

$$M_{12}\ddot{x}(t)+C\dot{x}(t)+k_0x(t)=k_1(t)e(t) \tag{2-53}$$

$$M_{12}\ddot{x}(t)+C\dot{x}(t)+k_0x(t)=-k_1(t)x(t) \tag{2-54}$$

式(2-47)和式(2-51)完全相同。也就是说，齿轮在故障下的振动响应信号特征仍包含正常啮合状态下信号频率特征，即包含啮合频率及高次谐波成分，如图 2-10(a)所示。

$$\begin{aligned} f_{22}(t) &= M_{12}\ddot{e}(t)+C\dot{e}(t)+k_0e(t) \\ &= -4M_{12}\pi^2 f_{\mathrm{n}}^2\sum_L B_l l^2 \mathrm{e}^{\mathrm{j}2\pi l f_{\mathrm{n}} t}+\mathrm{j}2C\pi f_{\mathrm{n}}\sum_L B_l l \mathrm{e}^{\mathrm{j}2\pi l f_{\mathrm{n}} t}+k_0\sum_L B_l \mathrm{e}^{\mathrm{j}2\pi l f_{\mathrm{n}} t} \end{aligned} \tag{2-55}$$

线性激励力 $f_{22}(t)$ 与位移误差 $e(t)$ 与提升系统模态参数产生的惯性激励力 $M_{12}\ddot{e}(t)$、阻尼激励力 $C\dot{e}(t)$ 和弹性激励力 $k_0e(t)$ 有关。该部分激励导致的提升系统振动信号响应特征为故障齿轮转频 f_{n} 及其倍频成分，如图 2-10(b)所示。

式(2-56)右边的激励力 $f_{23}(t)$ 仍为线性激励，其频率特征由平稳型故障位移误差 $e(t)$ 与啮合动刚度 $k_1(t)$ 在频域上卷积引起的。该部分的振动响应信号频率特征为以啮合频率及其倍频 kf_{z}(k 为正整数)为中心频率的一系列边频带，这些边频带的间隔为齿轮故障特征频率 f_{n}，如图 2-10(c)所示。

$$\begin{aligned} f_{23}(t) &= k_1(t)e(t) \\ &= \sum_{\substack{l=-L,\\ l\neq 0}}^{L} B_l \mathrm{e}^{\mathrm{j}2\pi l f_{\mathrm{n}} t}\sum_{\substack{m=-M,\\ m\neq 0}}^{M} K_m \mathrm{e}^{\mathrm{j}2\pi m f_{\mathrm{z}} t} \\ &= \sum_{\substack{m=-M,\\ m\neq 0}}^{M}\sum_{\substack{l=-L,\\ l\neq 0}}^{L} K_m B_l \mathrm{e}^{\mathrm{j}2\pi(m f_{\mathrm{z}}+l f_{\mathrm{n}})t} \end{aligned} \tag{2-56}$$

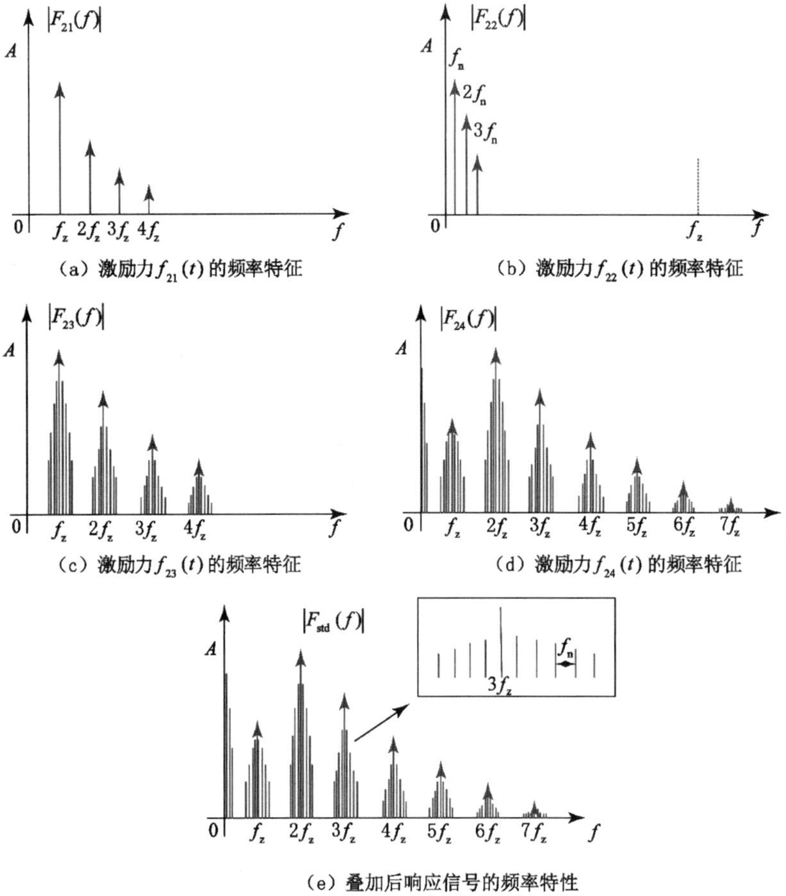

(a) 激励力 $f_{21}(t)$ 的频率特征　(b) 激励力 $f_{22}(t)$ 的频率特征

(c) 激励力 $f_{23}(t)$ 的频率特征　(d) 激励力 $f_{24}(t)$ 的频率特征

(e) 叠加后响应信号的频率特性

图 2-10　平稳型故障时减速器振动响应频率特征示意图

式(2-51)至式(2-54)的振动响应信号包含两部分频率特征:① 以啮合频率 f_z 及其高阶倍频为中心频率,以故障齿轮转频 f_n 及其倍频为调制频率的调制边频带;② 故障齿轮转频 f_n 及其倍频的低频成分。

如果只考虑前面线性部分导致的频率成分与啮合动刚度 $k_1(t)$ 的作用,式(2-54)的振动响应信号还是包括与式(2-51)、式(2-52)和式(2-53)相同的频率成分,但是会出现更高阶的啮合频率及其调制边频带,在啮合频率 f_z 处显示出高能量的峰值,如图 2-10(d)所示。

综上分析可知,平稳型故障时提升系统的激励力 $f_{std}(t)$ 和振动响应信号频率特征 $y_{std}(t)$ 可分别用式(2-57)和式(2-58)的信号模型表示。其频率特征均包括两部分:① 以各阶啮合频率 f_z 为中心,以故障齿轮转频 f_n 为间隔的调制边频带;② 故障齿轮频率 f_n 及其倍频的低频成分,如图 2-10(e)所示。

$$f_{std}(t)=f_{std}^{(1)}(t)+f_{std}^{(2)}(t)=\left[1+\sum_{g=1}^{G}b_g\cos(2\pi g f_n t+\beta_g)\right]\cdot \sum_{m=1}^{M}a_m\cos(2\pi m f_z t+\theta_m)+\sum_{l=1}^{L}d_l\cos(2\pi l f_n t+\gamma_l) \tag{2-57}$$

$$y_{std}(t)=h(t)\cdot f_{std}(t)=\left[1+\sum_{g=1}^{G}b_g\cos(2\pi g f_n t+\bar{\beta}_g)\right]\cdot \sum_{m=1}^{M}\bar{a}_m\cos(2\pi m f_z t+\bar{\theta}_m)+\sum_{l=1}^{L}\bar{d}_l\cos(2\pi l f_n t+\bar{\gamma}_l) \tag{2-58}$$

在正常工况下工作时,每个齿轮均或多或少地存在制造或安装误差,而且某个齿轮的平稳型故障也很容易通过齿轮副之间的啮合诱发其他齿轮的损伤。因此,当考虑减速器内部多个齿轮存在误差或平稳型故障时,振动信号可以表示为多种故障特征频率对齿轮啮合频率的调制现象,这将导致其频谱中存在以啮合频率及其倍频 kf_z(k 为正整数)为中心频率的一系列边频带,这些边频带的间隔可能为多个齿轮平稳型故障特征频率的其中之一,也可能是其中几个频率的组合。

2.4.4 局部冲击型故障振动信号特性

当减速器长期工作在变速、变载荷不平稳工况下,由于润滑不良等原因造成齿轮点蚀、裂纹最终导致断齿等比较严重的冲击型故障时,其时域振动信号都会产生有规律的周期性脉冲激励,使得齿轮副振动信号中出现冲击分量。因此减速器拾取的振动信号中具有冲击特性,由于发生冲击的时刻持续时间非常短,可将其简化为一系列脉冲冲击激励,同时忽略接触齿轮之间的相对位移,即位移误差 $e(t)$ 为 0。式(2-6)可表示为:

$$M_{12}\ddot{x}(t)+C\dot{x}(t)+k_0x(t)=-F_s(t)+f_{im}(t)-k_1(t)x(t) \tag{2-59}$$

根据激励力特征将式(2-59)等号右侧分解成以下三部分激励:外部载荷作用激励(F_s)、系统响应负反馈作用[$-k_1(t)x(t)$]、冲击型故障脉冲激励[$f_{im}(t)$]。

$$M_{12}\ddot{x}(t)+C\dot{x}(t)+k_0x(t)=-F_s(t) \tag{2-60}$$

$$M_{12}\ddot{x}(t)+C\dot{x}(t)+k_0x(t)=-k_1(t)x(t) \tag{2-61}$$

$$M_{12}\ddot{x}(t)+C\dot{x}(t)+k_0x(t)=f_{\mathrm{im}}(t) \tag{2-62}$$

式(2-60)与正常啮合状态下的式(2-43)的形式完全相同。因此,冲击型故障下的减速器振动响应信号频率特征仍包含正常啮合状态下的信号频率特征,即啮合频率及高次谐波成分。

考虑负反馈作用的非线性方程式(2-61)对系统响应的影响。与之前讨论相同,振动响应信号除了包含线性项式(2-60)的频率成分外,还包含更高阶的啮合频率成分。但由于啮合频率 f_z 与故障齿轮转频 f_n 的倍数关系,即使经过多次负反馈,振动响应中也不会产生与转频 f_n 无关的成分,其共振带处仍表现为以故障齿轮转频 f_n 及其倍频为间隔的共振调制边带。

式(2-62)中 $f_{\mathrm{im}}(t)$代表故障齿轮进入啮合时产生的冲击激励力。每当故障齿进入啮合时都会产生瞬态冲击,由于瞬态冲击作用时间较短可视为一系列脉冲激励力。假设系统通过相同的故障点时,引起的脉冲激励力幅值相同,则周期性脉冲激励力 $f_{\mathrm{im}}(t)$可表示为式(2-63)。故障齿轮冲击周期 T_n 与故障齿轮的转频 f_n 关系满足 $T_n=\dfrac{1}{f_n}$,即冲击周期是故障齿轮的旋转周期。故障齿轮形成周期性脉冲序列的过程如图 2-11 所示。

$$f_{\mathrm{im}}(t)=A_i\sum_{k=-\infty}^{+\infty}\delta(t-kT_n) \tag{2-63}$$

对脉冲序列激励 $f_{\mathrm{im}}(t)$做频谱分析。$F_{\mathrm{im}}(f)$为 $f_{\mathrm{im}}(t)$的傅立叶变换,如式(2-64)所示。脉冲序列 $f_{\mathrm{im}}(t)$的频率特征均表现为频率间隔为等故障齿轮转频 f_n 间隔宽带的脉冲序列,其幅值大小为 A_if_n,如图 2-11(c)和图 2-11(d)所示。激励力 $f_{\mathrm{im}}(t)$的频谱特征由脉冲幅值 A_i 决定,其频率特征为等故障齿轮转频 f_n 间隔的脉冲序列,如图 2-11(e)和图 2-11(f)为脉冲激励力序列 $f_{\mathrm{im}}(t)$的时域及频谱特征。

$$\begin{aligned}F_{\mathrm{im}}(f)&=A_i\sum_{-\infty}^{\infty}\delta(t-kT_n)\mathrm{e}^{-\mathrm{j}2\pi ft}\mathrm{d}t\\&=\int_{-\infty}^{\infty}A_i\sum_{-\infty}^{\infty}e^{-\mathrm{j}k2\pi f_nt}\cdot\mathrm{e}^{-\mathrm{j}2\pi ft}\mathrm{d}t\\&=A_if_n\sum_{-\infty}^{\infty}\int_{-\infty}^{\infty}\mathrm{e}^{-\mathrm{j}2\pi(f-kf_n)t}\mathrm{d}t\\&=A_if_n\sum_{-\infty}^{\infty}\delta(f-kf_n)\end{aligned} \tag{2-64}$$

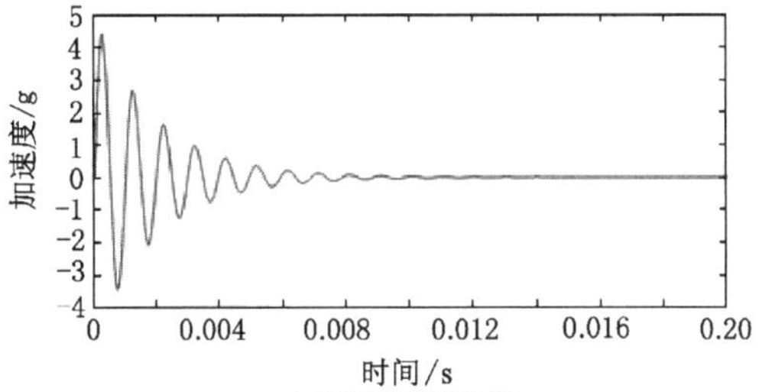

(a)振荡衰减响应

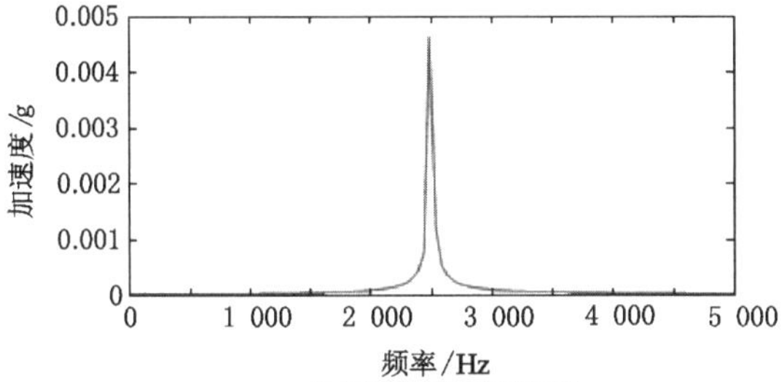

(b)振荡衰减响应频谱

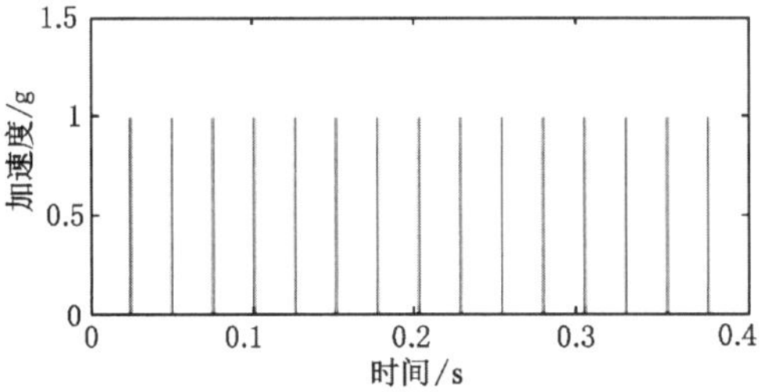

(c)周期性脉冲

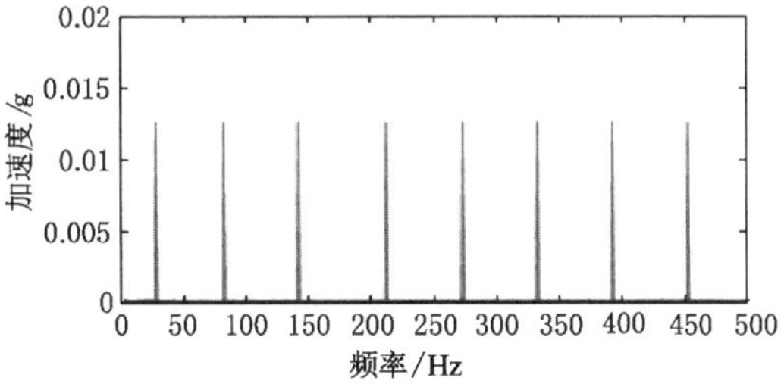

(d)周期性脉冲频谱

图 2-11　系统脉冲激励力序列 $f_{im}(t)$特征

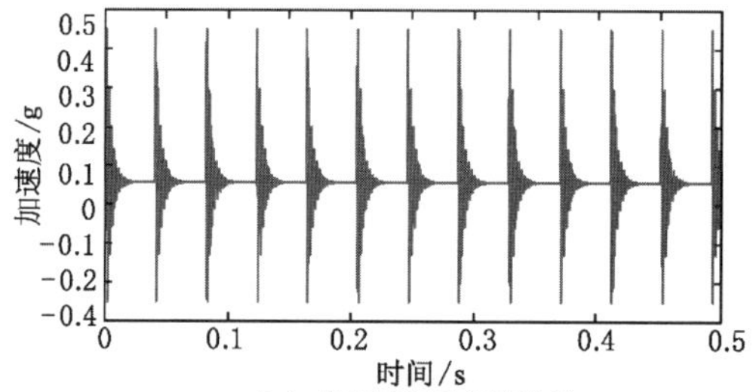

(e) 齿轮局部型故障信号

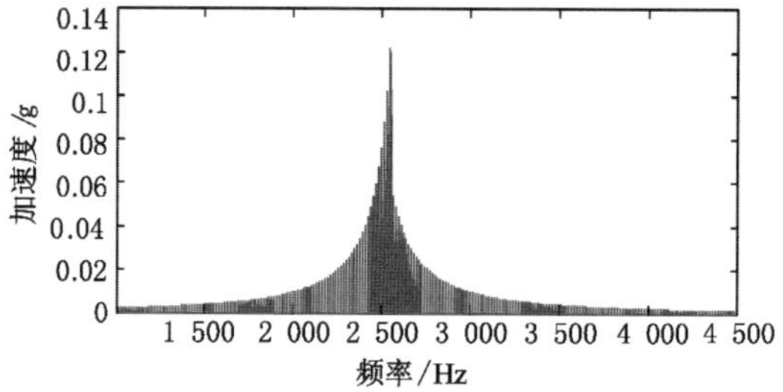

(f) 齿轮局部型故障信号频谱

图 2-11(续)

分析式(2-64)的稳态响应信号频谱特征，齿轮冲击型故障引起的瞬态冲击激励频谱也是频率间隔相等、频率间隔为故障齿轮转频 f_n 的带宽脉冲。其中系统的固有频率为载波，故障齿轮的转频 f_n 为调制频率。根据卷积定理，系统脉冲响应函数 $h(t)$ 与脉冲激励力 $f_{im}(t)$ 进行卷积，使得时域的脉冲响应呈现出间隔为故障齿轮旋转周期 T_n 的阻尼自由周期振动信号。

考虑减速器内部多个齿轮故障时，振动信号可以表示为多种故障特征频率对齿轮啮合频率的调制，其频谱中存在以啮合频率及其倍频(A 为正整数)为中心频率的一系列边频带，这些边频带的间隔为多个齿轮故障特征频率的其中之一，或者是其中几个频率的组合。

当减速器发生严重的局部故障时，在啮合过程中，每次故障点进入啮合，都会造成啮合刚度的突变而引起更大的齿轮振动，在时域中表现为故障冲击激励。这种类型的冲击故障不但对齿轮啮合频率进行调制，通常还会激起减速器中部件的结构共振，主要包括齿轮的结构共振和减速器箱体的结构共振。由于该类故障具有周期性的特点，使其振动信号表现为在齿轮共振带上出现一簇或多簇等间隔的谱线。下面讨论齿轮冲击型故障下，推导减速器振动响

应信号的共振带调制机理。对式(2-62)两边作傅立叶变换,由脉冲激励引起的振动响应信号频谱 $X_{im}(f)$为:

$$X_{im}(f)=\frac{F_{im}(f)}{-(2\pi f)^2M_{12}+j(2\pi f)C+k_0}=F_{im}(f)H(f) \tag{2-65}$$

冲击型故障时减速器齿轮副的激励力在时域上是一系列以故障齿轮旋转周期 T_n 为等间隔的脉冲序列。冲击故障下的振动响应信号 $x_{im}(t)$可以表示为图 2-12(b),时域中表现为一系列以故障齿轮旋转周期 T_n 为间隔的脉冲响应序列,其频域响应为共振带处存在以故障齿轮转频 f_n 及其倍频为调制频率的调制边带,如图 2-12(b)所示。

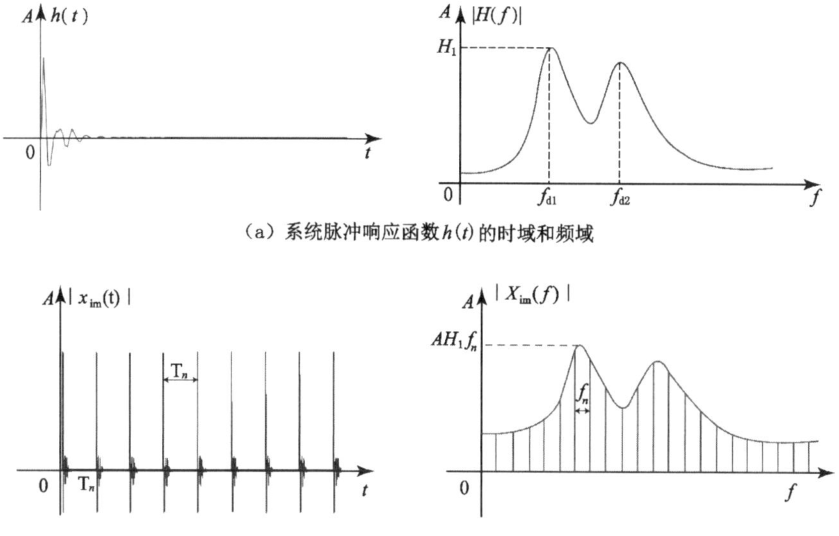

(a) 系统脉冲响应函数 $h(t)$ 的时域和频域

(b) 激励力 $f_{im}(t)$ 产生的响应信号 $x_{im}(t)$ 时域和频域

图 2-12　冲击调制信号形成示意图

综上分析可知,冲击型故障下激励力 $f_{std}(t)$包括两部分:① 啮合频率 f_z 及其高倍谐频;② 以故障齿轮旋转周期 T_n 为间隔的脉冲,可表示为式(2-54)。其振动响应信号 $y_{imp}(t)$的时域中表现出等故障齿轮所在轴旋转周期 T_n 间隔的脉冲响应序列,其频率特征也包括两部分:(a) 啮合频率 f_z 及其高阶倍谐波,两侧并伴有间隔相等的,通常以故障齿轮旋转频率的调制边频带;(b) 共振带处存在以故障齿轮转频 f_n 及其倍频为调制频率的调制边带,如图 2-13 所示。在不考虑调频因素时,各阶啮合频率附近的调制边带是共振调制边带传播导致的。

$$f_{\text{imp}}(t)=f_{\text{imp}}^{(1)}(t)+f_{\text{imp}}^{(2)}(t)$$
$$=\sum_{m=1}^{M}a_m\cos(2\pi mf_zt+\theta_m)+A_{\text{imp}}\sum_{k=-\infty}^{+\infty}\delta(t-kT_{\text{n}}) \quad (2\text{-}66)$$

$$y_{\text{imp}}(t)=h(t)\cdot f_{\text{imp}}(t)$$
$$=\sum_{m=1}^{M}a_m\cos(2\pi mf_zt+\theta_m)+\sum_{j=1}^{J}A_j\exp\left[\frac{-2\pi\zeta_j}{\sqrt{1-\zeta_j^2}}f_{\text{dj}}(t-\tau)\right]\cdot$$
$$\cos\left[2\pi f_{\text{dj}}(t-\tau)\right] \quad (2\text{-}67)$$

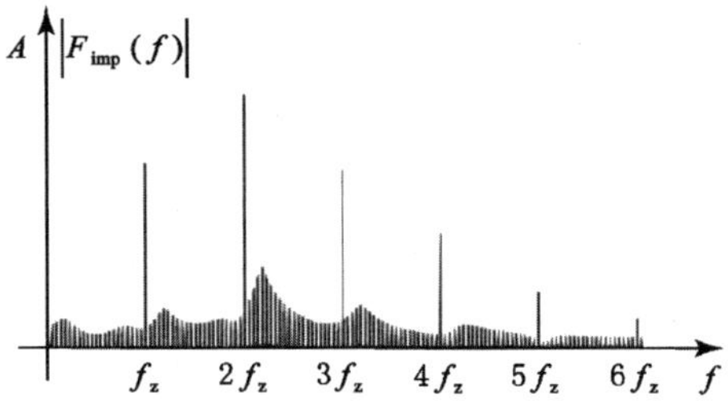

图 2-13　冲击型故障时减速器振动响应频率特征

2.5　本章小结

本章建立了减速器系统动力学模型，并分析了提升系统振动特性，研究了减速器分别工作在正常状态、平稳型故障和局部冲击型瞬态激励故障下的振动响应信号的时域和频域特征规律，并解释了对应频率成分产生的物理意义，分析了减速器系统激励力和振动响应信号的对应关系，解析了啮合调制边带和共振调制边带产生的机理，并归纳出了在正常状态和典型故障状态下减速器的激励信号和振动响应信号的特征。

① 结合井塔式多绳摩擦提升机的各运行阶段特点及规律，建立了提升机减速器振动数学模型，分析了正常状态与故障状态下外部载荷激励、齿轮啮合刚度和误差对齿轮振动的影响。

② 从提升系统的运动学和动力学角度，推导出了提升机减速器齿轮振动特性与提升载荷之间的关系。

③ 建立了典型故障振动信号特征模型，分别推导出正常啮合、平稳型故障和冲击型故障下振动响应信号频率特征规律，直观地展示出对应的频率成分产生机理。

第 3 章　基于 CMF-CELMD 排列熵减速器故障特征提取

在矿用提升机实际工作过程中，升速降速提升、提升载荷变化等因素使减速器一直处于变速变载荷工况。载荷波动直接影响提升机齿轮的振动特征，引起提升机更复杂的调幅和调频。对应地，提升机振动信号表现为非平稳性和非线性增大。这种非线性和非平稳特点会极大降低常规解调诊断方法对旋转机械故障诊断的有效性和准确性。特别是当故障冲击的频带与其他干扰成分频带（例如钢丝绳振动频率）相差不大、相互混叠时，能量很容易泄漏而错漏冲击特征成分，从而导致解调信号失真。在这种情况下，传统的傅立叶频谱分析方法就需要无限多的傅立叶基函数来逼近脉冲信号。而传统的短时傅立叶变换、小波及小波包变换等方法对减速器故障诊断，虽然有一些效果，但是都存在一定的不足。例如，短时傅立叶变换频率聚焦性较差，小波及小波包变换效果受分解层数和小波基等限制。

伴随着强背景噪声和其他谐波成分的干扰，通常很难直接从旋转机械的振动信号中观察出系统零部件的故障信息，因此需要利用各种不同的信号分析技术从故障信号中提取出敏感特征。正常和故障减速器振动信号的时域与频谱波形分别如图 3-1(a)和图 3-1(b)所示。由图 3-1 可以看出，在时域内正常和故障减速器振动信号的波形之间没有明显的差异。虽然在频域内正常和故障减速器振动信号的频谱在各峰值频率处的幅值存在较大差异，但是它们的频率成分基本相似，两个信号都出现了啮合频率及其倍频成分。仅仅通过时域波形和频谱图很难识别出故障类型，因此需要采用有效的信号处理方法从复杂的振动信号中提取出故障特征。

减速器的故障检测主要通过分析振动信号进而探究故障引起的机械结构特性变化。由于受强烈噪声干扰，一旦发生故障，拾取的振动信号就会表现出强烈的非平稳性。在实际工程中，信号故障特征往往表现在各阶啮合调制边

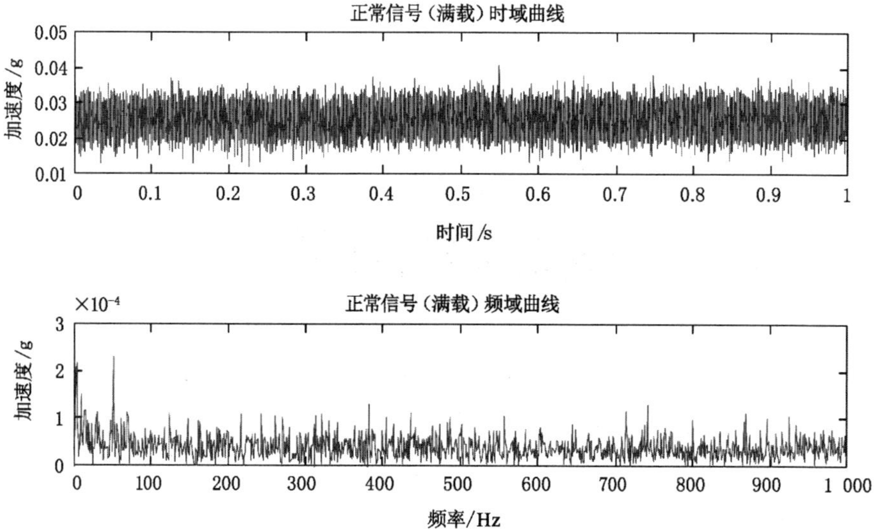

(a) 正常

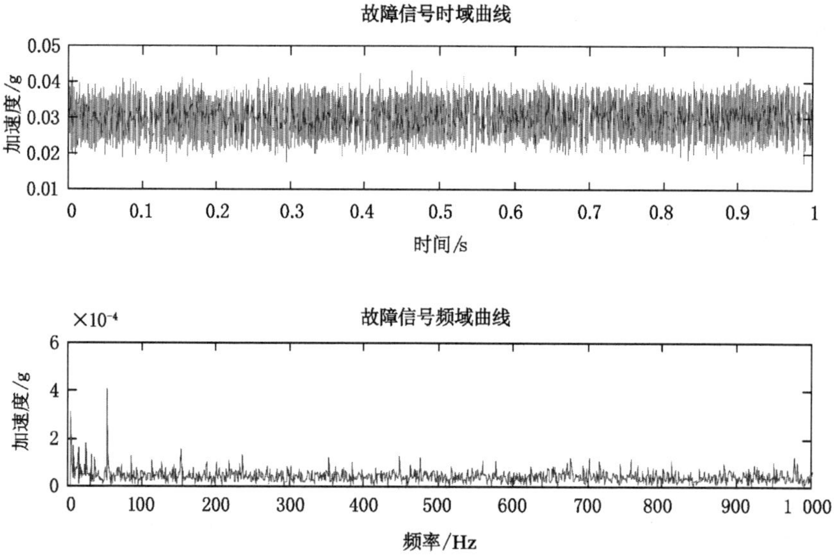

(b) 故障

图 3-1　振动信号波形和频谱

带区和共振调制边带区两处地方，主要表现为调幅、调频等调制现象。调制信号一般为齿轮的啮合频率及其倍频。振动剧烈能激发系统结构性共振，此时调制信号也可能是系统共振频率。调制频率为故障齿轮的旋转频率。根据提升机减速器振动机理可知，平稳型故障信号调制特征主要表现在各阶啮合频率处，而冲击型故障信号调制特征主要表现在各阶啮合频带和系统被激起的共振带两处。

根据平稳型和局部型故障信号的时域和频域特征，提出一种基于组合模态分解和局部均值分解、结合多尺度排列熵的分频融合非平稳信号特征提取新方法，为提升机减速器振动信号故障特征提取提供新思路。

3.1 基于CMF-CELMD的故障特征提取

组合模态分解(combined mode function，CMF)，指将平稳信号或准平稳信号分离为以各阶啮合调制带的低频分量 c_l 和以共振调制带的高频分量 c_h。CMF减速器变速提升工况下振动信号的故障特征提取提供新思路，同时为接下来的CELMD白噪声幅值的优化做好铺垫。CMF在一定程度上抑制了EMD模态混叠现象。CMF利用EMD将信号按高低频分解成为若干频率、具有不同特征的内在模态分量(IMFs)，再对某些IMFs有针对性地进行故障特征提取。这相当于使用一个自适应带通滤波器，将原始振动信号进行初次滤波后，再将含有低频和高频的若干IMFs组合成两个IMF分量。CMF能够避免采集振动信号中含有大量间断性噪声信号而产生的误诊断现象，在研究齿轮故障信号提取方法上具有一定的意义。

EMD广泛应用于旋转机械故障诊断中，自适应地将信号表示成为若干频率、从高到低排列的不同尺度的单分量固有模态分量(IMFs)。从传统的正交基函数展开转变到由数据驱动的对复杂信号自适应的表示，标志着一种重要的概念性进步。对于非平稳信号，可以计算每个单分量的瞬时频率，对单分量成分进行叠加构造信号的时间-频率-幅值分布，在时频联合域内揭示信号的结构及其变化特征。EMD对含有复杂多变成分的信号具有很强的自适应性，可以有效分离简谐波、冲击等信号成分。在时频域中，EMD避免了Heisenberg不确定性原理的限制。EMD克服了传统二次型时频分布的缺陷，适合用于复杂多分量非平稳信号的分析。

EMD也存在一些问题。由于模态混叠现象，EMD结果不够精确。为了避免模态混淆问题，一些学者提出了新的自适应模式分解方法(如EEMD、

CEEMD)。通过对原始信号加白噪声并重复地进行多次 EMD 分解，求 IMFs 的均值，并经过足够多次平均运算处理降低各 IMFs 的模态混叠程度。然而所加白噪声选取合适的幅值变得非常重要。幅值过小，使得所加白噪声对 EMD 分解不能引起局部极值点变化而起不到作用；幅值过大，造成分解误差增大而产生虚假 IMF，进而使分解失真。理论上，随着分解次数增大，分解误差变小。但过大的分解次数将降低计算效率，故应选取适当值。基于此提出 CMF 来分离调制频带，并为后续的局部均值分解的白噪声幅值优化提供前期铺垫。

3.1.1 EMD 分解原理介绍

非平稳复杂信号通常由多个分量组成。每个分量的幅值、相位和频率具有时变性。如果将每个分量视为一个调幅-调频波动模式，那么可以将任意复杂多分量信号表示为一系列调幅-调频分量叠加的形式，即：

$$\begin{aligned} x(t) &= \sum_{i=1}^{N} c_i(t) = \sum_{i=1}^{N} a_i(t)\cos[\varphi_i(t)] \\ &= \sum_{i=1}^{N} a_i(t)\cos[\omega_c t + \int \omega_i(t)\mathrm{d}t] \end{aligned} \tag{3-1}$$

式中　$a_i(t)$——幅值包络；

$\varphi_i(t)$——瞬时频率；

ω_c——载波频率。

相较于载波频率，幅值包络和瞬时频率变化缓慢。研究任意多分量复杂信号的性质需要将其分解为彼此独立的单分量才具有实际物理意义。需要研究每个 IMF 分量的幅值包络和瞬时频率。为了计算瞬时频率，定义保证分离出来的各个模式分量是单分量的条件。根据这些条件，可以设计自适应模式分解算法，将任意复杂信号分解为一系列单分量和残余信号，即：

$$x(t) = \sum_{i=1}^{N} c_i(t) + r_{\mathrm{n}}(t) \tag{3-2}$$

式中　$c_i(t)$——单分量；

$r_{\mathrm{n}}(t)$——残余信号，可以是趋势项或常数。

得到单分量后，可以计算它们的幅值包络、瞬时相位和瞬时频率等参数，以进一步深入研究信号的时变特点。可以采用经验模式分解，将复杂多分量信号分解为相互独立的单分量成分。采用算法递归检测信号中的局部极大值和局部极小值，在局部特征时间尺度内对这些局部极值点进行插值，并数值拟合上下包络。将上下包络的瞬时均值作为低通中心线，从信号中减去瞬时均值，分离高频分量作为本质模式函数（在本质上是单分量）。对于残余的低通中心线递归重复上述运算。通过迭代筛选，信号分解为一系列本质模式函数。

对于实际信号 $x(t)$，经验模式分解步骤如下：

① 初始化：令残余信号 $r_0(t)=x(t)$，分离本质模式函数的迭代次数 $i=i_1=1$。

② 筛选产生第 i 个 IMF。

(a) 初始化：令次数 $j=0$，原型本质模式函数 $h_{ij}(t)=r_i-1(t)$。

(b) 确定 $h_{ij}(t)$ 的局部极大值和局部极小值。

(c) 应用三次样条插值拟合方法，分别由局部极大值和局部极小值构造 $h_{ij}(t)$ 的上包络 $u_{ij}(t)$ 和下包络 $l_{ij}(t)$。

(d) 计算上下包络的瞬时均值：$m_{ij}(t)=u_{ij}(t)+l_{ij}(t)$。

(e) 更新原型本质模式函数：$h_{ij}(t)=h_{ij}(t)-m_{ij}(t)$。

(f) 若原型本质模式函数 $h_{ij}(t)$ 满足本质模式函数筛选终止条件，则令第 i 个本质模式函数 $c_i(t)=h_{ij}(t)$。否则令筛选次数 $j=j+1$，返回步骤(b)。

③ 更新残余信号：$r_i(t)=r_{i-1}(t)-c_i(t)$。

④ 若残余信号 $r_i(t)$ 满足经验模式分解终止条件，则分解过程结束。否则令迭代次数 $i=i+1$ 返回步骤②。

本质模式函数的筛选过程（步骤②）消除信号中的奇波，使得原型本质模式函数的轮廓关于零点更加对称。但是过度筛选可能会消除具有实际物理意义的幅值波动信息。为了保证合理筛选，获得有意义的 IMF，提出多种本质模式函数筛选终止准则。其中，柯西收敛准则通过限制相邻两次筛选结果（即原型模式函数）之间标准差[见式(3-3)]的方式来控制本质模式函数筛选。

$$\sigma=\frac{\|h_{i(j+1)}(t)-h_{ij}(t)\|_2}{\|h_{ij}(t)\|_2} \tag{3-3}$$

将标准差[式(3-3)]限制在一定范围内。当标准 $\sigma\in[0.2,0.3]$ 时，终止筛选过程[即步骤(a)～(f)]。相邻两次筛选结果之间的近似程度主要取决于新产生的极值点。筛选过程只强调筛选结果之间的近似程度，与本质模式函数定义无关。

在基于极值点和过零点数量的 S-数量准则中，对于原型本质模式函数，经过一定次数（通常为 3～5 次）的连续筛选之后，当极值点的数量等于过零点的数量时，终止筛选循环。

全局-局部组合准则保证瞬时均值在全局范围内具有小波动。考虑局部偏差大，参照原型本质模式函数的幅值 $h_{ij}(t)=u_{ij}(t)-l_{ij}(t)$ 来评估瞬时均

值 $m_{ij}(t)$的波动幅值：

$$\sigma_{ij}=\frac{m_{ij}(t)}{h_{ij}(t)} \tag{3-4}$$

对于整个时间范围，如果在一定比例$(1-\alpha)$的时间内 $\sigma_{ij}(t)<\theta_1$，在其余时间内 $\sigma_{ij}<\theta_2$，那么终止筛选过程。默认设置为：$\alpha=0.05$，$\theta_1=0.05$，$\theta_2=10\theta_1$。在局部终止准则中，固定筛选次数。当原型本质模式函数中存在局部波动时，为了避免由于过筛选产生虚假的局部极值点，最优筛选次数通常设置为 10。

对于整个经验模式分解过程，当残余信号 $r(t)$变为趋势项时（即最多只有 1 个局部极值点时），终止迭代过程（即步骤②～④）。

以减速器输出轴端盖采集的振动信号为例进行 EMD 分解。为了更清晰地看出 EMD 分解的效果，对 IMF1～IMF6 进行 FFT 变换，其变换结果如图 3-2所示。由图 3-2 可以看出，IMF1、IMF2 分量出现了严重的频率混叠现象。

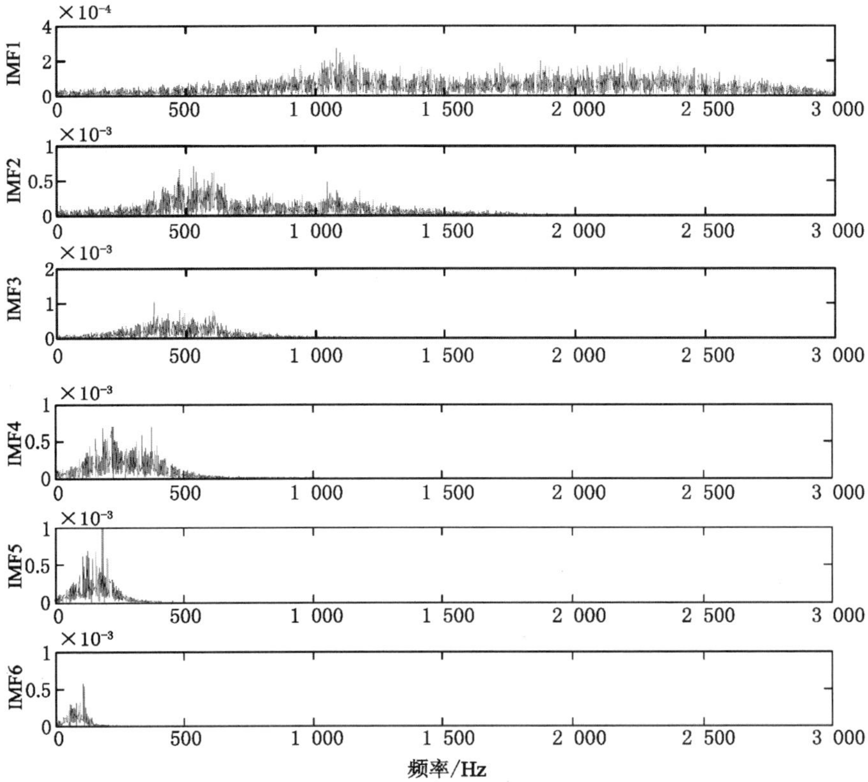

图 3-2　EMD 分解效果

EMD 分解时，将信号向时频平面投影，每个投影成为一个单分量，并且保持每个分量的时变特征，从而满足计算瞬时频率的要求。EMD 分解时，按照频率由高至低的顺序分离本质模式函数。经验模式分解过程在本质上近似于小波分解重构过程，在频域内等效于二进滤波器工作过程。在分解白噪声时，经验模式分解结果具有二进频带分解特点。应用经验模式分解白噪声信号得到一系列本质模式函数。每个本质模式函数的频谱中心和带宽按分解的先后顺序依次降低为前一个本质模式函数的一半。经验模式分解结果具有完备性、自适应性和几乎正交等特点。

EMD 分解不需要任何先验基函数匹配信号特征，而是通过数值逼近自适应地提取信号中的本质波动模式。这 1 优点使得这种方法能够有效辨识信号的频率成分及时变特征。但是，EMD 分解仍然存在一些问题：① 缺乏严格的数学推导理论。② 要求较高的采样频率。相关算法基于极值点拟合上下包络。为了准确识别极值点，以便进行精细插值，需要对信号进行一定程度的过采样。③ 如果信号中存在间断点，本质模式函数之间就会出现模式混淆。④ 在分解过程中，应用数值拟合会产生误差，而且误差将累积到后续本质模式函数中，产生虚假分量。若在一系列本质模式函数中识别真实信号分量，则仍然缺乏通用的有效准则。

3.1.2　CMF 原理介绍

不论采用何种信号处理方法都不能完全有效地将所有与故障有关的特征信息分解集中到某个单分量中。各分量间存在相互联系，造成 EMD 分解模态混叠。受原子分解和稀疏表示的启发，基于频带特点将原复合故障信号分解成两个含有高、低频的固有模态函数，进而提出组合模态分解方法。该方法在一定程度上抑制了模态混叠，更适合处理具有非线性、非平稳特性的齿轮故障振动信号。

EMD 在理论上将信号频段按高低依次分开。在实际情况中，工况比较复杂，强噪声信号中一旦出现高频间断等信号，分解出的 IMF 将发生突变。在间断发生时刻，间断信号的高频噪声将成为第一个 IMF。因此同一频率在多个 IMF 中出现或者一个 IMF 中出现多个频率成分，即出现了模态混叠现象。

当原始信号中在相同时间间隔内出现频率突变或相邻 IMF 波形图中幅值突变时，可通过以下定义组合模态函数的 CMF 方法处理信号，从而避免在分解过程中出现模态混叠现象。组合模态函数为：

$$c_a = c_i + c_{i+1} + c_{i+2} + \cdots + c_{i+m} \tag{3-5}$$

其中，$1 \leqslant i \leqslant n-m$，$n$ 为 EMD 中 IMF 的最大层数，m 为分解在不同 IMF 中的最大层数。

组合模态函数的基本思想是将含有高频的若干 IMFs 分量和含有低频的若干 IMFs 分量的两类分量分别组合成两个 IMF。CMF 方法在一定程度上抑制 EMD 的模态混叠现象，避免采集振动信号中含有大量间断性噪声信号而产生的误诊断现象，在研究齿轮故障信号提取方法上具有一定的意义。EMD 本身是一个自适应的带通滤波器。CMF 实际上构造一个新的带通滤波器，提高信号的信噪比和 EMD 的分解精度。与原子分解相比，CMF 能够避免稀疏分解与构造完备字典的难度。

EMD 将原信号按高低频依次分解成不同的 IMF。组合模态函数将分解的若干个相邻 IMFs 组合分别组成 c_h 和 c_l。c_h 为含有高频成分 IMFs 的组合结果，c_l 为剩余 IMFs 的组合结果。根据组合模态函数，CMF 重新构造了一个具有自适应性的前置带通滤波器，据此可以将同一个含有多频率成分的复杂信号构造成含有高低两个频带的固有模态函数。重组相邻的含有高频成分的 IMFs 得到 CMF 的高频分量为 $c_h = c_1 + c_2 + \cdots + c_m$，其中 m 是含有高频 IMF 的最大层数。重组相邻的含有低频成分的 IMFs 得到 CMF 的低频分量为 $c_l = c_{1+m} + c_{2+m} + \cdots + c_i$，其中 $m \leqslant i \leqslant n$，$n$ 为 EMD 敏感 IMFs 的最大层数。

以啮合频率或其倍频为分界线（取啮合频率二倍频），把通过 EMD 分解得到的 IMFs 分别叠加形成 c_h 和 c_l。CMF 分解流程见图 3-3。

CMF 可以降低原信号 EMD 分解后出现的分解误差，也可以将原信号按高低频带分成两个不同尺度的频带。c_h 和 c_l 的产生在一定程度克服模态混叠现象。

关于确定含有高频成分的最大层数，从以下两个角度进行分析。

① EMD 能自适应地将信号按高低频依次分开，分别对其进行 FFT 变换，得到不同的频带。

② 在整个频域内将频率分为高频、低频两部分。低频处主要以载波频率 $f_z = 412$ Hz 的二倍频（即 824 Hz）为中心，以调制频率为边频带的频率簇为界限。高频处主要以共振带处存在，以故障频率为调制频率的共振调制带为界限。以减速器工作在匀速无故障工况下的振动信号为例进行 CMF 分解，将 IMF1～IMF5 以大于 1 000 Hz 为分界，组合成高频共振分量；将 IMF6～IMF10 以小于 1 000 Hz 为分界，组合成低频啮合分量，如图 3-4(b)和(d)所示。

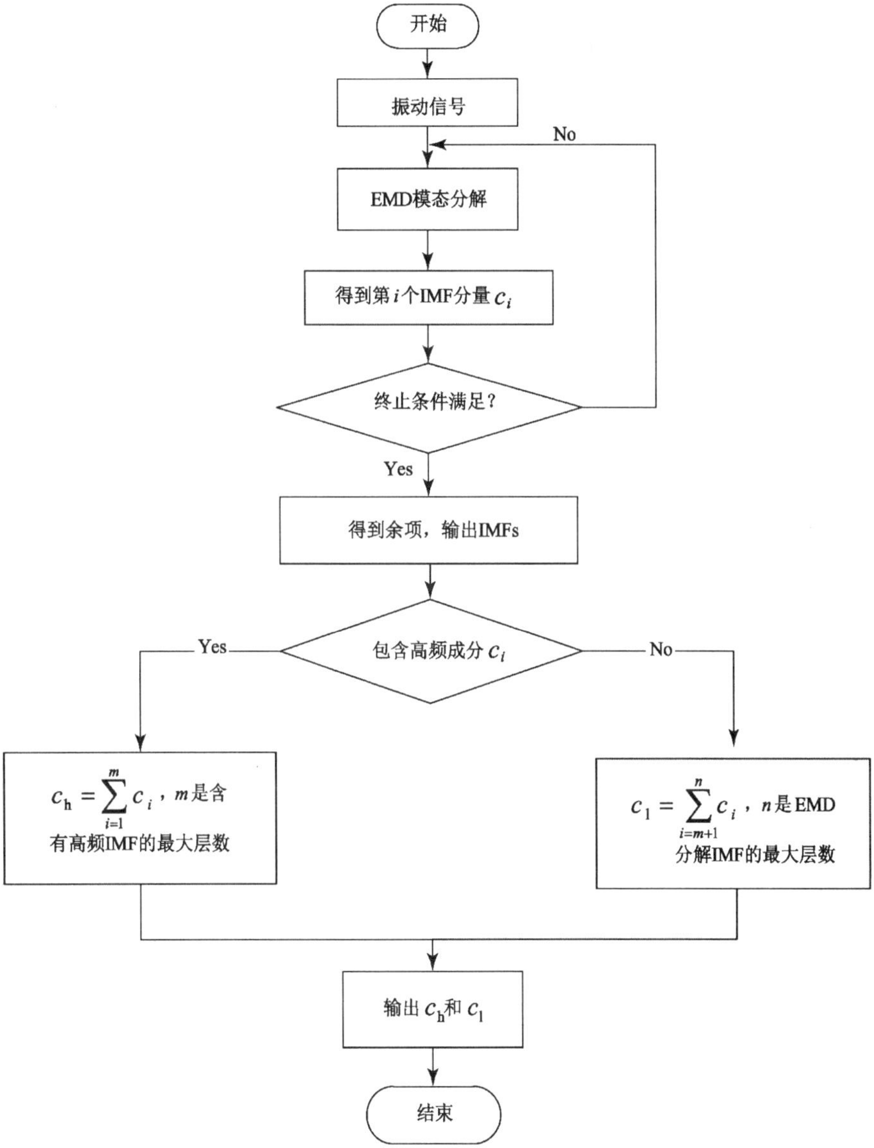
开始
振动信号
No
EMD模态分解
得到第 i 个IMF分量 c_i
终止条件满足？
Yes
得到余项，输出IMFs
包含高频成分 c_i
Yes
No
$c_h = \sum_{i=1}^{m} c_i$，m是含有高频IMF的最大层数
$c_1 = \sum_{i=m+1}^{n} c_i$，$n$是EMD分解IMF的最大层数
输出 c_h和 c_1
结束

图 3-3　CMF 分解流程

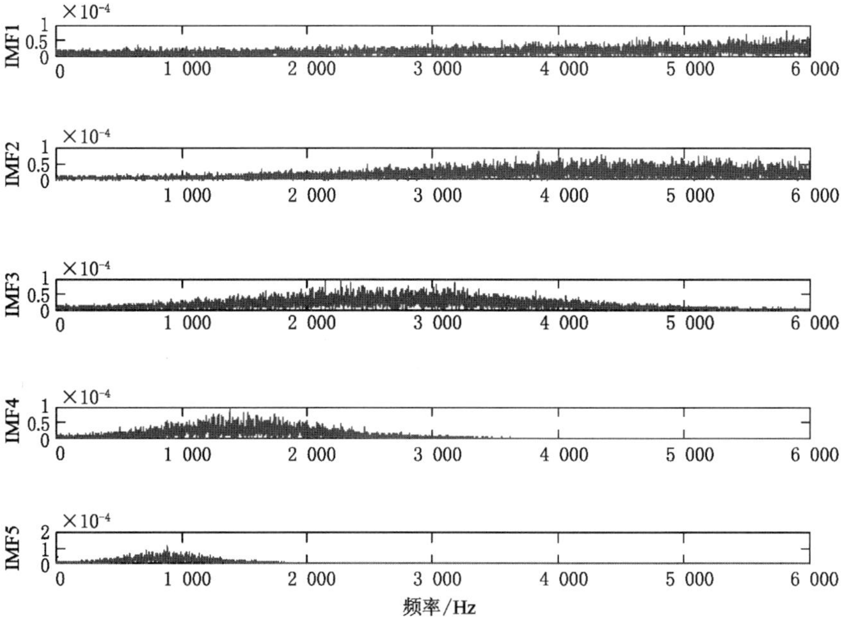

（a）高频IMF各分量

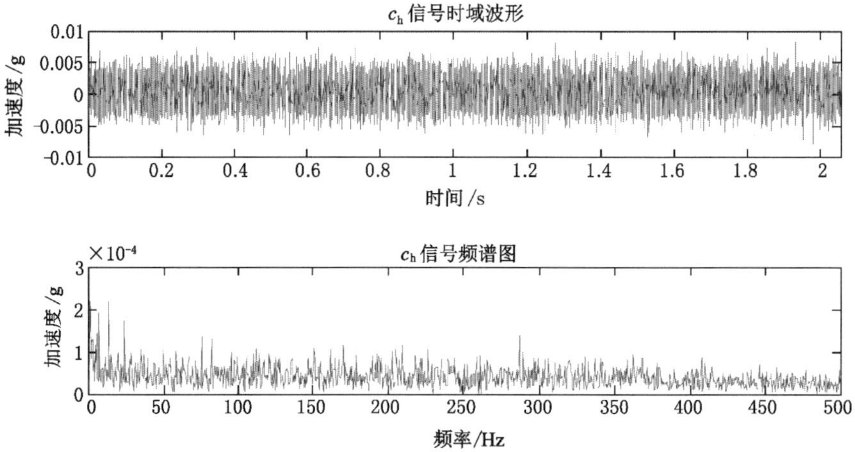

（b）组合后的c_h分量

图 3-4　CMF 分解后 c_h 和 c_l

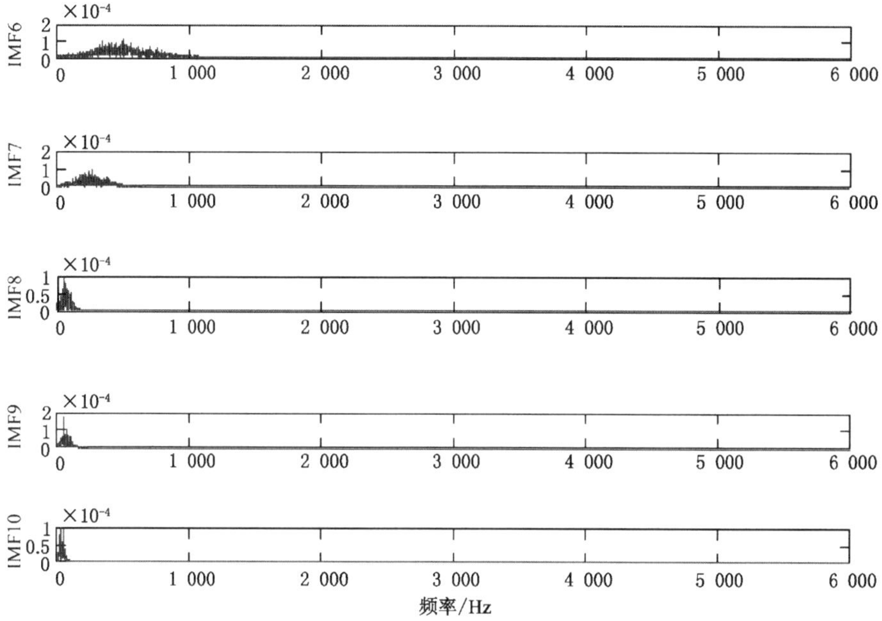

（c）低频IMF各分量

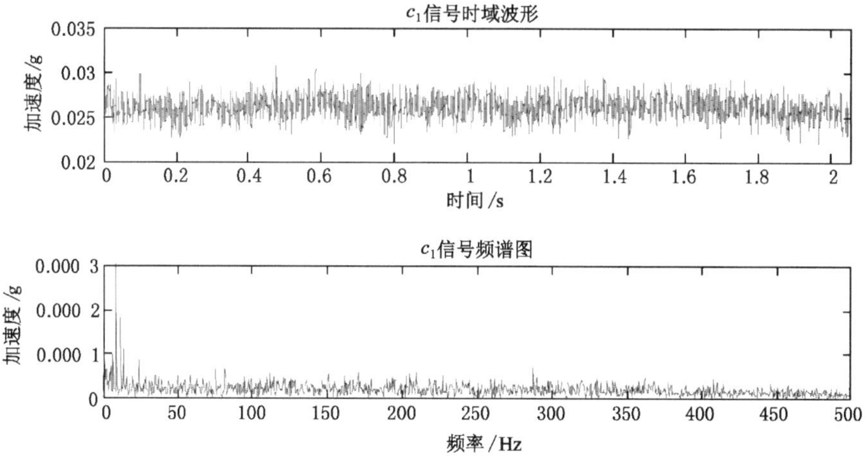

（d）组合后的 c_1 分量

图 3-4(续)

3.1.3 CELMD 改进

LMD 是一种自适应信号分解方法。LMD 的基本思想是将信号分解为调幅和调频成分乘积形式,具有物理意义的一系列单分量,然后通过迭代分离调频项和调幅项,进而得到原始信号的时频分布。LMD 不应用 EMD 中的三次样条拟合,而是通过数据平滑方法获得单分量。根据局部信号的极值点,得到包络估计函数和局部均值函数,实现对信号的连续分离。在通过 EMD 分解获得的本质模式函数中,不包含相邻极值点之间没有过零点的波动模式。但是,在通过 LMD 得到的乘积函数中,可以包含没有过零点的波动模式。因此,乘积函数比 EMD 分解本质模式函数蕴涵更多的幅值和频率波动信息。LMD 没有应用三次样条插值,而是通过数据平滑获得单分量,提供一种全新的信号单分量分解方法。和 EMD 相比,LMD 能够保持更多幅值和频率的波动信息。基于纯粹调频信号的瞬时频率计算方法能够有效避免由调幅效应引起的误差,避免瞬时频率出现负值。

CELMD 的理论是在 LMD 理论的基础上改进的。高频的扰动以及间歇性信号的干扰会使得 LMD 出现模态混叠,因此考虑采用噪声辅助的方式来抑制模态混叠的影响。将噪声辅助的方式应用于 LMD,形成 ELMD 算法。ELMD 算法添加的白噪声虽然能够抑制模态混叠影响,但是白噪声在添加后不能够得到中和,会影响信号的完备性,而且其计算的时间过长。因此,为了消除以上的影响,提出添加正负白噪声的方法,中和添加的白噪声的影响,形成 CELMD 算法。CELMD 的算法步骤如下:

① 向目标函数 $x(t)$ 中添加白噪声序列 $+n_1(t)$,即:

$$x_i^{+}(t)=x(t)+a_i n_i(t) \tag{3-6}$$

② 对添加白噪声后的序列进行 LMD 分解,得出第一组的 PF_{1i} 和余项 U_1。

③ 向目标函数 $x(t)$ 添加白噪声序列 $-n_1(t)$,即:

$$x_i^{-}(t)=x(t)-a_i n_i(t) \tag{3-7}$$

④ 同样,对添加了白噪声的序列进行 LMD 分解,得出第二组的 PF_{-1i} 和余项 U_{-1}。

⑤ 重复执行以上 4 步。

⑥ 将得到的两组 PF 分量与余项 U 按照下列公式进行求和,即:

$$PF_i(t)=\frac{1}{2n}\sum_{j=1}^{n}(PF_{nj}+PF_{-nj}) \tag{3-8}$$

$$u_i(t)=\frac{1}{2n}\sum_{j=1}^{n}(u_j+u_{-j}) \tag{3-9}$$

由以上 CELMD 分解过程可知，CELMD 分解精度依赖两个参数，其分别为所加白噪声幅值和聚合次数。聚合次数越多越好，但随着聚合次数增加，计算时间呈指数倍数增长。所添加白噪声幅值和整合次数两个参数对 CELMD 的分解效率影响最大，但参数选择的机理尚不明确。

在分解的过程中，如果所加噪声幅值过大，就会产生虚假的 PF 分量；如果所加白噪声幅值过小，就不具有解决模态混叠的功效。所加白噪声幅值为标准差的 0.1～0.6 倍之间。选择合适的分解参数是 CELMD 分解的关键。目前尚没有一个较合适的选择白噪声幅值的方法。可以按照下列公式选择白噪声幅值。

$$0<\lambda<\frac{\varepsilon}{2} \tag{3-10}$$

$$\lambda=\sqrt{\frac{e_{\mathrm{n}}}{e_0}} \tag{3-11}$$

$$\varepsilon=\sqrt{\frac{e_{\mathrm{h}}}{e_0}} \tag{3-12}$$

式中　e_{n}——所加白噪声的能量标准差；

e_0——原信号能量的标准差；

e_{h}——原信号的高频成分的能量标准差。

在式(3-12)中，高频成分是指经 EMD 分解后提取有效的第一个 IMF 高频分量。此时，

$$e_{\mathrm{h}/0}=\sqrt{\frac{1}{N_{\mathrm{h}/0}}\sum_{i=1}^{N_{\mathrm{h}/0}}(e_i^2-\mu_{\mathrm{h}/0}^2)^2}$$

式中　$N_{\mathrm{h}/0}$——总采样点数。

经试验得出，克服模态混叠的最佳值为 $\lambda=\frac{\varepsilon}{4}$。

该方法的前提条件是将第一个有效 IMF 作为高频成分。大量的试验证明，EMD 分解时高频成分不仅仅由第一层 IMF 组成。高频成分的选择将直接影响 λ 结果从而出现 EMD 分解不当，造成不能有效抑制模态混叠现象。此外，在提升机减速器故障中当出现复合故障时，高频故障特征频率会同时出现。这时若仅取第一个 IMF 作为高频成分，则影响 CELMD 的分解精度。

据上述分析，所加白噪声幅值还应满足下列公式：

$$\ln e+\frac{\lambda}{2}\ln NE=0 \tag{3-13}$$

式中 e——最终分解后误差的标准差，即经过 CELMD 分解得到的各个模态分量与原信号的偏离程度；

NE——整合次数。

当使用 LMD 时，整合次数为 NE；当使用 CELMD 时，分别要在原信号中加入正负白噪声，因此整合次数将变为 $2NE$。在实际分解过程中，最终的标准差并不能在分解之前获得，因此在噪声幅值的选择上采用经验值。白噪声幅值的选取将直接影响 CELMD 的分解效率。白噪声幅值太小不会改变极值点的分布，起不到抑制模态混叠作用；白噪声幅值太大容易造成过分解，会导致虚假分解分量。大量研究表明，所加入白噪声幅值为原信号的标准差的 0.1～0.6 倍之间。信号中高频成分比例大时，系数可以适当较小；信号中低频成分多时，系数可以适当增大。当白噪声幅值增大时，整合次数也应适当增大。整合次数增大又会引起计算量变化。因此整合次数一般选择 50～150。选择合适的白噪声幅值和整合次数是 CELMD 分解的关键。

减速器振动频率频带比较宽，有高频共振频带，也有较低频的啮合频带。选用单一的白噪声幅值将影响 CELMD 的分解精度。因此引入 CMF-CELMD 的方法来提高 CELMD 的分解精度。其具体步骤为：首先将原信号进行 EMD 分解，接着将所得 IMFs 进行 FFT 变换，将原信号高频成分和低频成分分别组合成 IMF 分量（即 c_h 和 c_l），然后对 c_h 进行 CELMD 分解，选取白噪声幅值为 0～0.2 倍标准差，然后再对 c_l 进行 CELMD 分解，选取白噪声幅值为 0.2～0.6 倍标准差。这可以提高复合故障信号中 CELMD 的分解精度，为复合故障时多故障信号的特征提取奠定基础。

为了选取适合提升机减速器振动信号分解的两个参数，分别设置白噪声幅值为标准差的 0.1、0.2 和 0.5 倍，聚合次数为 50、100 和 150。对减速器振动信号进行 CELMD 分解，其结果如图 3-5 所示。通过对比两个不同参数下减速器振动信号 CELMD 分解结果发现，只要添加的白噪声幅值适中，且有足够的试验次数，添加的白噪声幅值和聚合次数对 CELMD 分解结果的影响很小。但是随着聚合次数增加，分解时间却呈指数倍增长。

综合分析两个不同参数下相关分解结果，最终确定高频成分 c_h 添加的白噪声幅值 N_{std} 为 0.1 倍的标准差，低频成分 c_h 添加的白噪声幅值 N_{std} 为 0.5 倍的标准差，聚合次数 NE 均为 100。为了更清晰地看出减速器振动信号 CELMD 分解的效果，同样对前 8 阶 IMF 分量进行 FFT 变换，其结果如图 3-6 所示。由图 3-6 可以看出，各频带的频率被较好地分离出来，没有出现模态混叠现象。

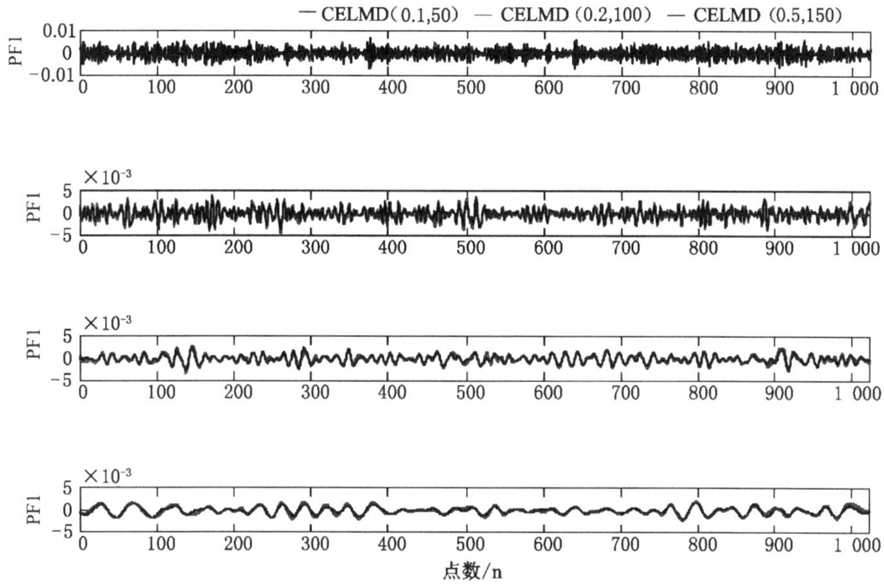

(a) 高频成分c_h分量

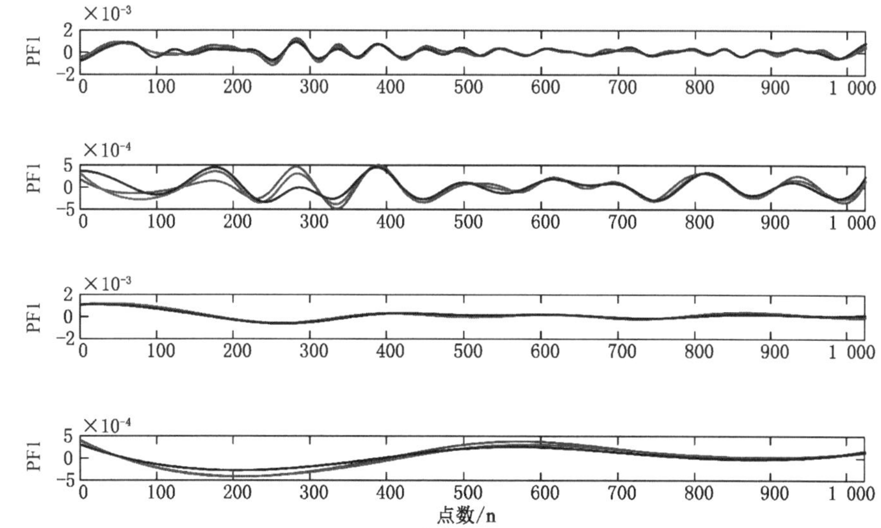

(b) 低频成分c_l分量

图 3-5　不同参数下减速器振动信号 CELMD 分解结果

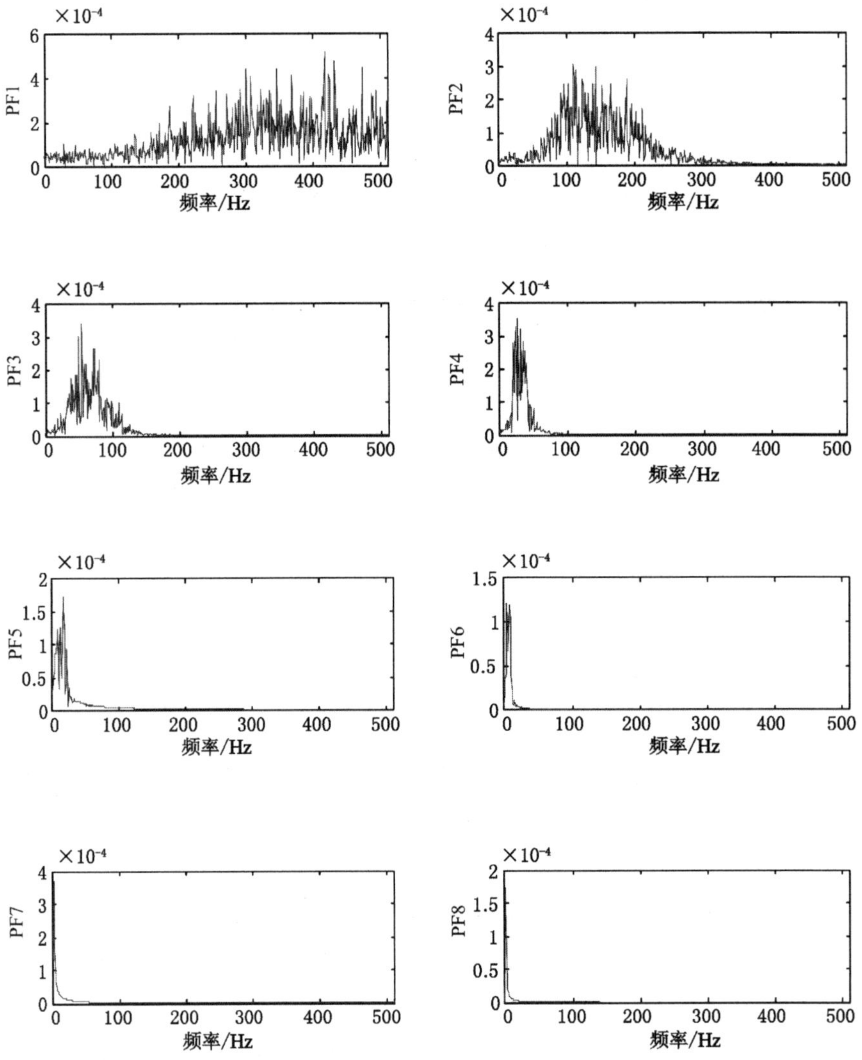

图 3-6　IMF1～IMF8 频谱

3.1.4　仿真信号分析

当齿轮运行在正常状态时，齿轮振动信号主要以啮合频率为主，齿轮的啮合频率及其倍频的幅值逐次减小。一旦齿轮发生故障，齿轮的固有频率及其啮合频率会被一起激励。齿轮的故障主要分为以下两类：平稳型故障和局部冲击型故障。其中，局部型故障主要包括齿根裂纹、断齿、齿面磨损等。在齿轮副啮合接触过程中，局部型故障引起周期性碰撞冲击，并伴随有振动信号的调制现象。发生局部型故障时，频谱在啮合频率处形成数量众多且均匀分布的边频带。断齿、齿面磨损、裂纹等属于典型的局部型故障。仿真信号 $x(t)$ 为单级齿轮啮合的振动信号。当齿轮发生局部型故障时，齿轮振动信号 $x(t)$ 主要由三部分组成：正常齿轮啮合相关信号 $x_1(t)$ 和冲击型故障信号 $x_2(t)$ 和噪声信号 $n(t)$。齿轮振动信号 $x(t)$ 为：

$$x(t)=x_1(t)+x_2(t)+n(t) \tag{3-14}$$

当仿真信号的输入转速 $r(t)$ 为匀速提升工况时，正常齿轮啮合相关信号 $x_1(t)$ 为：

$$\begin{aligned} x_1(t)=&\sum_{n=0}^{N}A_{\mathrm{n}}[1+a_{\mathrm{n}}(t)]\cos[2\pi n f_{\mathrm{z}}+b_{\mathrm{n}}(t)+\varphi_{\mathrm{n}}]+ \\ &\sum_{l=0}^{L}B_{\mathrm{n}}\cos(2\pi n f_{\mathrm{n}}+\varphi_{\mathrm{n}})+\sum_{l=0}^{L}C_{\mathrm{n}}\cos(2\pi n f_{\mathrm{v}}+\varphi_{\mathrm{n}}) \end{aligned} \tag{3-15}$$

在式(3-15)中，第一项为齿轮副啮合频率 f_{z} 的幅值和频率的调制，第二项为故障转频分量及其高次谐波，第三项为钢丝绳张力的振动频率分量及其高次谐波。其中，第 i 阶啮合频率关于故障频率的调幅函数和调频函数[$a_{\mathrm{n}}(t)$ 和 $b_{\mathrm{n}}(t)$]表达式分别为：

$$\begin{cases} a_{\mathrm{n}}(t)=\sum\limits_{m=0}^{M}A_m\cos(2\pi m f_{\mathrm{n}}+\varphi_m) \\ b_{\mathrm{n}}(t)=\sum\limits_{m=0}^{M}B_m\cos(2\pi m f_{\mathrm{n}}+\varphi_m) \end{cases} \tag{3-16}$$

齿轮局部故障时所引起的瞬态冲击响应设为 $s(t)$，故障脉冲的周期设为 T_m，齿轮故障相关信号 $x_2(t)$ 为：

$$\begin{aligned} x_2(t)&=\sum_{m=1}^{M_k}A_m s(t-T_m)\cdot f_{\mathrm{im}}(t-T_m) \\ &=\sum_{m=1}^{M_k}A_m \mathrm{e}^{-\gamma(t-T_m)}\sin[2\pi f_{\mathrm{n}}(t-T_m)]\cdot f_{\mathrm{im}}(t-T_m) \end{aligned} \tag{3-17}$$

式中 M_k——高次谐波的阶数；

A_m——第 m 阶高次谐波的幅值；

φ——故障冲击相位，为了简化此处相位均设为零；

γ——衰减阻尼比。

$s(t)$是振荡衰减响应函数，$f_{\mathrm{im}}(t)$为周期性瞬态脉冲函数，其表达式为：

$$\begin{cases} s(t)=\mathrm{e}^{-\gamma t}\sin(2\pi f_{\mathrm{n}}t+\varphi) \\ f_{\mathrm{im}}(t)=\sum\limits_{k=-\infty}^{+\infty}\delta(t-kT_{\mathrm{n}}) \end{cases} \tag{3-18}$$

根据以上分析，为了简化仿真信号，只考虑一阶啮合频率而忽略高次谐波，则齿轮冲击型故障信号可简化为：

$$\begin{cases} x(t)=x_1(t)+x_2(t)+n(t) \\ x_1(t)=A_1[1+a_1(t)]\cos[2\pi n f_{\mathrm{z}}+b_1(t)+\varphi_1]+ \\ \qquad\quad A_2[1+a_2(t)]\cos[2\pi n f_{\mathrm{z}}+b_2(t)+\varphi_2]+ \\ \qquad\quad B\cos(2\pi n f_{\mathrm{n}}+\varphi_{\mathrm{n}})+C\cos(2\pi n f_{\mathrm{v}}+\varphi_{\mathrm{n}}) \\ x_2(t)=\sum\limits_{m=1}^{M_k}A_m s(t-T_m-\tau_m)\cdot f_{\mathrm{im}}(t-T_m) \\ \qquad\ =\sum\limits_{m=1}^{M_k}A_m\mathrm{e}^{-\gamma(t-T_m-\tau_m)}\sin[2\pi f_{\mathrm{n}}(t-T_m-\tau_m)]\cdot f_{\mathrm{im}}(t-T_m) \end{cases} \tag{3-19}$$

其中，B、C 幅值都设置为 0.4，主动轮转频为 30 Hz，从动轮转频为 11 Hz，啮合频率为 400 Hz；设局部故障在输出齿轮上。a_1、a_2 分别为啮合频率的调制信号。对应的调幅(AM)和调频(FM)的幅值 A_1、A_2 均设为 1。$x_2(t)$是振荡衰减的周期性冲击信号，A_m 是冲击信号的幅值，阻尼比 γ 设为 0.05，无阻尼固有频率为 2 300 Hz。仿真信号的采样频率设定为 10 240 Hz。

为了检验所提出方法的有效性，对图 3-7 的时域信号添加高斯白噪声(SNR=30 dB)。图 3-8 为对应的加噪齿轮仿真信号。如图 3-8 所示，加噪后的齿轮时域波形完全被背景噪声所掩盖，无法从中观察、辨识出齿轮的故障冲击信息。同样由于强噪声的污染，无法从图 3-8 所示的包络谱图中解调出齿轮相关的故障特征频率。谱线上的冲击近似为故障转频的高次谐频，容易造成误判。

根据以上所述方法，首先利用 CMF 算法将加噪后的仿真信号分解为两个高、低频率分量，然后利用 CELMD 分解高、低频分量。其中，CELMD 在高、低频分解中的噪声幅值参数 N_{std} 分别取 0.1 和 0.5 倍标准差，整合次数 NE 均取为 100。

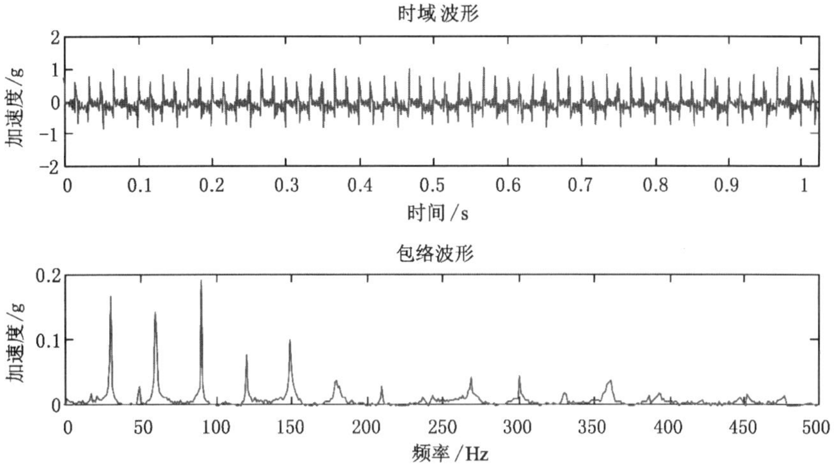

图 3-7　冲击故障信号

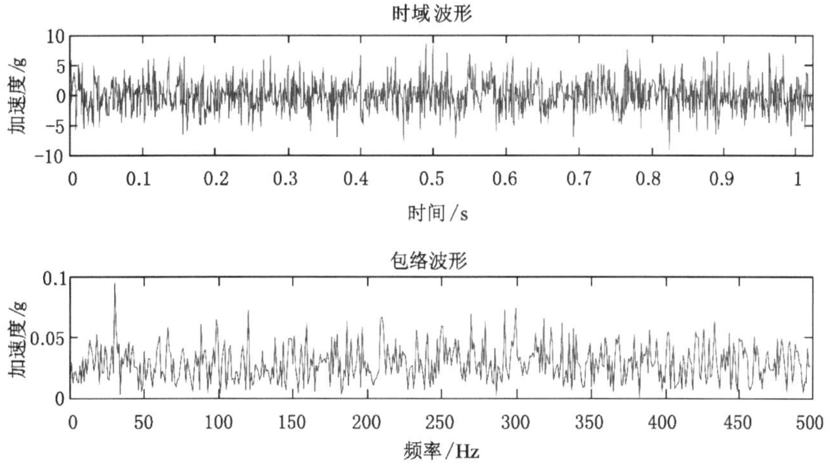

图 3-8　加噪后故障信号

高频共振分量时域响应图以及包络图如图 3-9 所示。由图 3-9 可以看出，高频分量时域波形仍被噪声成分所淹没，故障冲击特性表现不是十分明显。低频啮合频率分量时域响应图及包络图如图 3-10 所示。由图 3-10 可以看出，低频分量时域，相较于高频时域波形表现出更明显的冲击特性。由图 3-9 和

图 3-10 所示的高低分量的包络图可以看出，噪声干扰仍然较为明显，谱线结构较为复杂，运用 CMF-CELMD 分解能够辨识出部分较为微弱故障特征的相关谱线。

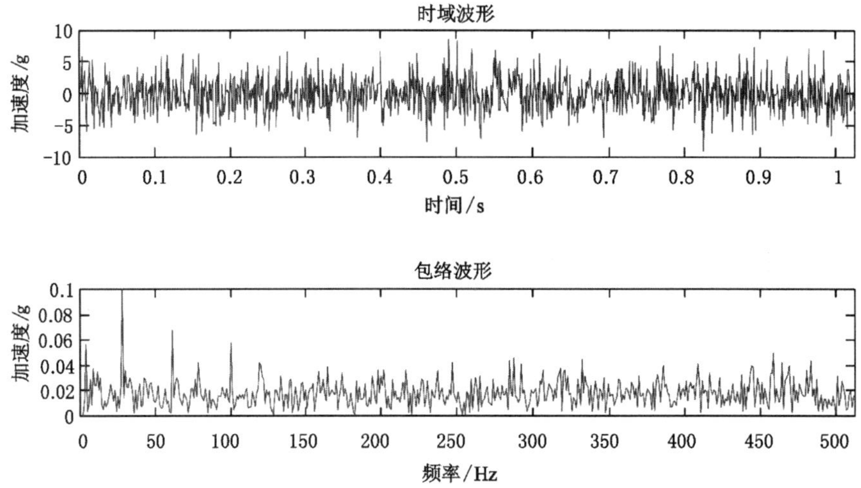

图 3-9 c_h高频共振分量

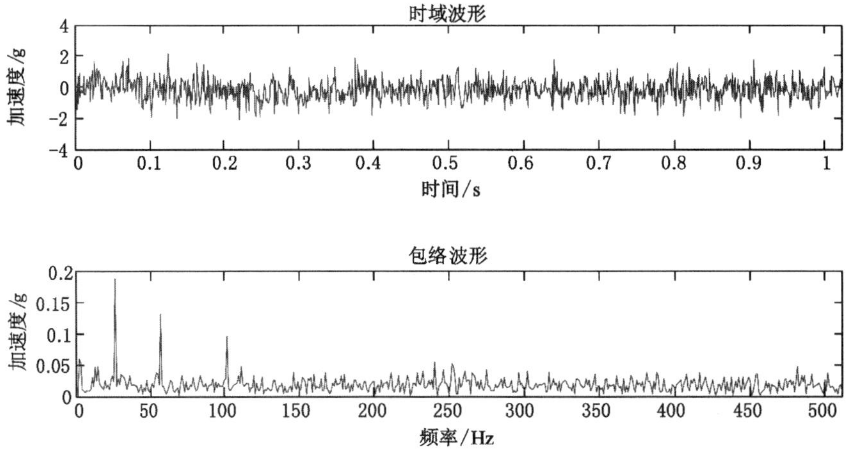

图 3-10 c_l低频啮合频率分量

3.2 基于 CMF-CELMD 排列熵的提升机减速器故障诊断

3.2.1 相空间重构

为了更好挖掘出复杂信号中的齿轮故障特征信息，借鉴图像处理中图像增强的思路和方法，引入相空间重构理论。将一维的时间序列扩展到多维的系统中构建出原系统的多维相空间结构。可以将隐藏在所有分量中的有用分量信息提出并恢复信息原来的规律，从而忽略掉不相关信息，并揭示感兴趣的信息特征。

相空间是一个来源于数学和物理中的概念，用于表示系统任意时刻在空间中存在唯一一个相位点与之相对应。对相空间进行重构的最早目的是能够在高维的空间中恢复出混沌吸引子。每一个混沌的系统都会存在混沌吸引子。任何一个分量的演化都会受到其他分量的影响，这使得有关分量的信息会隐藏在所有的分量之中。根据这一特性，可以从某一分量的时间序列之中提取并恢复系统原来的规律，即高维空间中的一种轨迹。该轨迹经过类似折叠或者拉伸之后可以转化为和时间有关的序列，从而恢复出复杂的混沌特征。非线性的动力学系统不光面向一维或二维的低维系统，实际上更多面向高维系统空间。只能通过相应的时间序列来分析与了解非线性动力学系统。从非线性动力系统形式上看，产生的单一标量时间序列是随机的，在很大程度上是混沌的。因此可以采用相空间重构的方式将非线性动力学系统混沌的特性凸显出来。

相空间重构的基本思想是将一维的时间序列扩展到多维的系统中，构建出原动力系统的多维相空间结构。只要能够选取到合适的延迟时间 τ 和嵌入维数 m，就可以在该嵌入维数空间中计算出混沌吸引子，利用延迟时间重构的相空间，这可以保持原有系统的几何结构，并且和原有系统具有等同的动力学特性。在理论上，导数重构法和坐标延迟法都可以实现相空间重构。但在实际的应用中，导数重构法对计算中产生的误差较为敏感。通常情况下，坐标延迟法应用更为广泛。

具体实现步骤如下：

假设一维的混沌时间序列为 $X=\{x_1,x_2,\cdots,x_N\}(j=1,2,\cdots,N)$，如果选取延迟时间为 τ，嵌入维数为 m，则采用坐标延迟法得到的重构相空间为：

$$X_j = [x_j, x_{j+\tau}, \cdots, x_{j+(m-1)\tau}](j = 1, 2, \cdots, N-(m-1)\tau) \tag{3-20}$$

式(3-20)展开的结果为：

$$X = \begin{bmatrix} X_1 \\ X_1 \\ \vdots \\ X_{N-(m-1)\tau} \end{bmatrix} = \begin{bmatrix} x_1 & x_{1+\tau} & \cdots & x_{1+(m-1)\tau} \\ x_2 & \ddots & & x_{2+(m-1)\tau} \\ \vdots & & & \vdots \\ x_{N-(m-1)\tau} & x_{N-m\tau} & \cdots & x_N \end{bmatrix}_{[N-(m-1)\tau]\times m} \tag{3-21}$$

式(3-21)对应的输出为：

$$Y = \begin{bmatrix} x_{2+(m-1)\tau} \\ x_{3+(m-1)\tau} \\ x_{N+1} \end{bmatrix}_{[N-(m-1)\tau]\times m} \tag{3-22}$$

由式(3-21)和式(3-22)可以看出，相空间的重构主要依赖两个关键参数(即延迟时间 τ 和嵌入维数 m)。若延迟时间选取太小，则在重构过程中分量之间的差别会太小，无法提供两个独立的坐标分量；若延迟时间选的太大，则分量之间会相互独立，失去相空间重构的意义。嵌入维数决定相空间重构的维数，如果维数选的过大，高维的不必要计算量将被增加，同时噪声的影响也会被放大。合理选择延迟时间和嵌入维数，是实现相空间重构效果的重要保证。

3.2.2 C-C 算法

由于在相空间重构过程中，嵌入维数和延迟时间是决定相空间重构的关键因素。采用 C-C 算法求取相空间重构过程中的嵌入维数和延迟时间。C-C 算法指采用关联积分的同时，估计出嵌入维数和延迟时间。嵌入时间序列的关联积分定义为：

$$C(m, N, r, \tau) = \frac{1}{M^2} \sum_{1 \leqslant i \leqslant j \leqslant M} \theta(r - \| X_i - X_j \|) \tag{3-23}$$

式中 m——嵌入维数；

N——时间序列长度；

r——领域半径；

τ——延迟时间；

$\theta(z)$——海维赛德函数。

关联维数定义为：

$$D(m,\tau)=\lim_{r\to 0}\frac{\lg C(m,r,\tau)}{\lg(r)} \tag{3-24}$$

式中，$\lg C(m,r,\tau)=\lim\limits_{N\to\infty}(m,N,r,\tau)$。将时间序列 $x(n)$ 分成 t 个互不重叠的时间序列，其序列长度为 $[N/2]$，$[N/2]$ 为取整符号，则对于一般的自然数 t，分解的序列可以表示成：

$$\{x(1),x(t+1),x(2t+1),\cdots\}$$
$$\{x(2),x(t+2),x(2t+2),\cdots\}$$
$$\cdots$$
$$\{x(t),x(t+t),x(2t+t),\cdots\}$$

计算分解后每一个子序列的统计量 $S(m,N,r,\tau)$，即：

$$S(m,N,r,\tau)=\frac{1}{t}\sum_{l=1}^{t}\{C_l(m,N/r,r,\tau)-[C_l(m,N/t,r,\tau)]^m\} \tag{3-25}$$

式中　C_l——第 l 个子序列的相关积分。

局部最大间隔可以取 $S(\cdot)$的零点或者对所有的半径 r 相互差别的最小时间点，选择对应值最大和最小的两个半径，其定义差量为：

$$\Delta S(m,t)=\max[S(m,N,r_i,t)]-\min[S(m,N,r_j,t)],i\neq j \tag{3-26}$$

由统计学的原理可知，当嵌入维数在 2～5 之间，领域半径在 $\sigma/2$ 和 2σ 中间时，参数能够得到很好的估计。其中，σ 为时间序列的均方差。经计算得到如下方程：

$$\begin{cases}S_{\text{cor}}(t_i)=\Delta\overline{S}(t)+|\overline{S}(t)|\\ \Delta\overline{S}(t)=\dfrac{1}{4}\sum\limits_{m=2}^{5}\Delta S(m,N,t)\\ \overline{S}(t)=\dfrac{1}{16}\sum\limits_{m=2}^{5}\sum\limits_{j=2}^{4}S(m,N,r_j,t)\end{cases} \tag{3-27}$$

式中　$\overline{S}(t)$——所有子序列统计量 $S(m,N,r,\tau)$的均值；

$\Delta\overline{S}(t)$——第一个极小值对应第一个局部最大时间 τ。

其中，$S_{\text{cor}}(t)$的最小值对应时间序列独立的第一个整体最大值时间窗口（即延迟时间窗口）。

通过对式(3-27)中值的选择，可以得出对应的嵌入维数 m 和延迟时间 τ。

3.2.3 排列熵

排列熵用于衡量一维时间序列的复杂程度,能够较好地检测复杂系统的动力学突变问题。排列熵的基本原理如下所述。

假设一个时间序列为$\{y(i), i=1,2,\cdots,n\}$,对该序列进行相空间重构,其重构后的矩阵为:

$$\begin{bmatrix} y(1) & y(1+\tau) & \cdots & y(1+(m-1)\tau) \\ \vdots & \vdots & \vdots & \vdots \\ y(2) & y(j+\tau) & \cdots & y(j+(m-1)\tau) \\ \vdots & \vdots & \vdots & \vdots \\ y(K) & y(K+\tau) & \cdots & y(K+(m-1)\tau) \end{bmatrix}_{j=1,2,\cdots,K} \tag{3-28}$$

式中 m——嵌入维数;

τ——延迟时间,满足 $K=n-(m-1)\tau$。

矩阵中的每一行代表一个重构分量,共有 K 个重构分量。假设将时间序列中的第 j 个重构分量根据其大小进行排序,排序后该重构分量为$(y(j), y(j+\tau), \cdots, y[j+(m-1)\tau])$。重构分量未排序前各元素所在列的索引值为 $1,2,\cdots,m$。此时,设 $j_1, j_2, \cdots, j_m$ 为各索引值,即:

$$y[i+(j_1-1)\tau] \leqslant y[i+(j_2-1)\tau] \leqslant \cdots \leqslant y[i+(j_m-1)\tau] \tag{3-29}$$

如果在重构中的分量中存在值相等的元素,那么排序的顺序会按照 j_1、j_2 的大小排列。

对于任意的时间序列来说,重构所得的每行分量都可以通过排序得到一组位置索引序列,即:

$$S(l)=(j_1, j_2, \cdots, j_m) \quad l=1,2,\cdots,k \tag{3-30}$$

则该序列共存在 $m!$ 种排列的可能,所以有 $k \leqslant m!$。若定义每种排列出现的概率依次为 $p_1, p_2, \cdots, p_k$,则时间序列 $y(i)$的排列熵为:

$$H_p=\sum_{j=1}^{m!} P_j \lg P_j \tag{3-31}$$

当 $p_j=1/m!$ 时,令 H_p 取得最大值,并将时间序列的排列熵进行归一化,即:

$$h_p=\frac{H_p}{\lg(m!)} \tag{3-32}$$

h_p 的值是在 0~1 之间,它能够放大时间序列的微小变化,比较任意两个时间点的大小而不是直接使用时间序列的实际数值进行计算,因此能够避免较小噪声的干扰。

3.2.4 多尺度排列熵

由于排列熵只能用于检测单一尺度上时间序列的随机性和复杂性，不能满足复杂系统输出的时间序列在多尺度上包含的特征信息。所以，为了研究时间序列的多尺度复杂性变化问题，提出了多尺度排列熵的算法，以计算在不同尺度下时间序列的排列熵。多尺度排列熵可以从多方面来反映故障信号的不同特征信息，实现多个尺度描述序列的复杂度和不确定性，从而改善单一尺度熵值描述的不足，减少偏差。

假设长度为 N 的时间序列为 $X=\{x_i, i=1,2,\cdots,N\}$，对该时间序列进行粗粒化处理，得到的粗粒化序列 $y_j^{(s)}$ 为：

$$y_j^{(s)}=\frac{1}{s}\sum_{i=(j-1)s+1}^{js}x_i, j=1,2,\cdots,[N/s] \tag{3-33}$$

式中　s——尺度因子，$s=1,2,\cdots,n$；

$[N/s]$——对 N/s 取整。

当尺度因子 $s=1$ 时，粗粒化序列为原始序列。

多尺度排列熵的具体计算步骤如下：

① 先将时间序列进行粗粒化处理；

② 对处理后的序列进行相空间重构；

③ 将重构后的分量进行升序排列，计算出每一种符号序列出现的概率；

④ 计算每一个粗粒化序列的排列熵，并对得出的结果进行归一化处理，得出多尺度排列熵的值。

3.3 提升机减速器试验分析验证

井塔式多绳摩擦提升机属于煤矿中的大型旋转设备之一。在理论上，应对提升机减速器系统进行相应的结构改造来模拟减速器相应的故障类别，进而采集减速器中齿轮系统的相应故障状态下的振动信号，用于验证所提信号特征提取方法的有效性和可靠性。但是由于矿井提升机是一种大型的矿用设备，担负着整个矿井正常工作的任务，并且结构较为庞大复杂，拆装困难，为了实现现场模拟相应故障，需频繁拆装设备，这容易破坏减速器系统的运行状态，同时可能引入新的安装误差等问题。因此现场试验很难实现。涉及的故障诊断是提升机减速器中齿轮和轴承常见故障（齿轮磨损、裂纹、断齿故障以及轴承内圈、外圈和滚动体故障)的诊断。从理论研究出发,同时结合简化试验台的构造,模拟现场减速器工况,单独对有关减速器故障进行试验,并采集相关振动信号进行分析,从而达到对本章所提理论进行验证的目的。

以强噪声背景下大型矿井提升机减速器的低速大扭矩特大齿轮为研究对象。在试验过程中,速度按照实际提升机工况的运动速度曲线。为了满足重载复杂工况要求,搭建齿轮人工故障试验台。考虑到实验室环境下模拟试验的局限性,对提升机减速器机构进行了一定的简化与改造,并建立实物模型。提取外部载荷变化、变速升降过程中常见故障模式的振动信号,分析故障信号特性提取方法的有效性。

3.3.1 试验对象及设备

以一级减速器为研究对象。搭建齿轮故障试验台进行故障模拟试验。该系统可近似等效为矿井提升机减速器装置。根据矿井检修样本数据表明:矿用提升机减速器的主要故障是齿轮和轴承的常见故障,因而本试验仅模拟齿轮和轴承的不同故障。齿轮故障试验台主要由机械传动系统、负载系统和数据采集系统三部分组成。从试验台中采集并分析不同状态下的振动信号,从而检验和证明上述章节所提出的故障特征信号提取方法的有效性。提升机减速器模拟试验台现场连接图如图 3-11 所示。

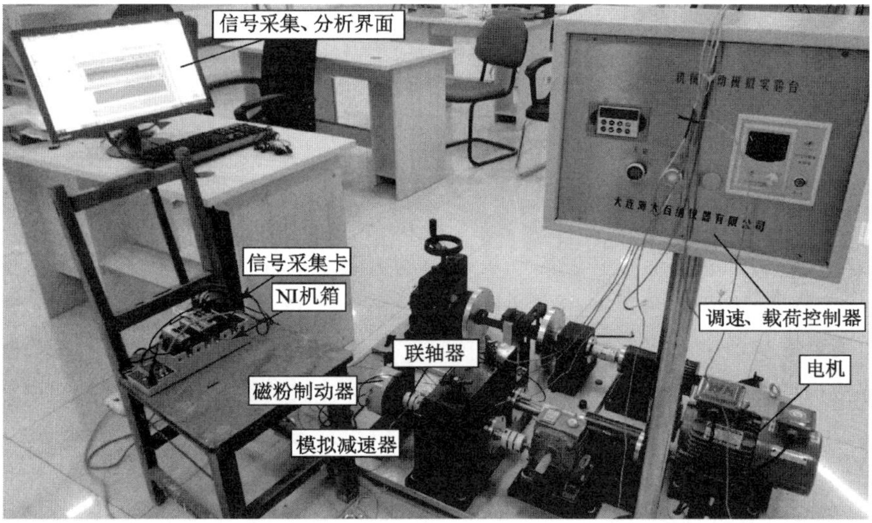

图 3-11　模拟提升机减速器故障试验台实物

图 3-12 是模拟提升机减速器故障试验台示意图。该试验台包括三相交流电机、直齿齿轮箱、磁粉制动器、加速度传感器、温度传感器、扭矩传感器、信号采集系统、载荷控制器、电机调速器和计算机等。

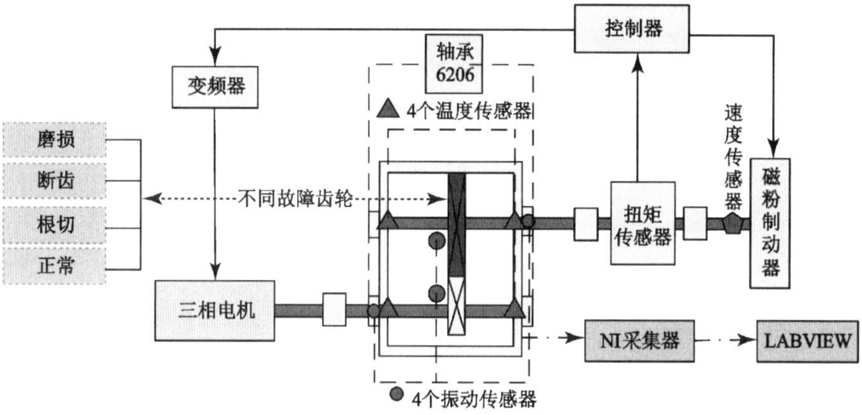

图 3-12　模拟提升机减速器故障试验台示意图

试验台参数设置如表 3-1 所示。机械传动系统是一级齿轮箱，由三相交流电机驱动，可以通过变频调速装置来调整输入轴转速。负载系统是由磁粉制动器、载荷控制器及扭矩传感器等组成。磁粉制动器提供恒定和可变的负载。扭矩传感器通过输出轴两侧的柔性联轴器连接，用来测量加载的载荷。载荷控制器通过调节输出电流大小来改变输出扭矩，从而实现对测试齿轮箱的模拟加载。4 个加速度传感器分别安装在输入轴、输出轴轴向和径向齿轮箱上。数据采集系统测得相应的齿轮箱振动信号。热电偶温度传感器通过齿轮箱已设定孔采集齿轮油温度。4 个热电偶温度传感器通过齿轮箱上特制孔插入到齿轮箱内部，用于油温监测。当油温高于规定限位值时，热电偶浓度传感器报警。

表 3-1　试验台说明及参数配置

试验说明	描述
载荷控制器	输出电流 0～0.2 A
试验转速	0～1 500 r/min 可调
加速度传感器	YD186 型压电式加速度传感器
采样频率	12 000 Hz

试验平台提供检测的齿轮为输入轴所在的大齿轮和输出轴所在的小齿轮。其中大齿轮模数为 2，齿数为 75，齿宽为 40 mm，材质为 S45C[4 只，其中 3 只为故障齿轮(分别为齿轮断齿、齿轮磨损和齿轮裂纹)]。小齿轮模数为 2，齿数为 55，齿宽为 45 mm，材质为 S45C(2 只，其中 1 只为故障齿轮)。已知齿轮参数如表 3-2 所示。

表 3-2　试验齿轮参数

齿轮	模数/mm	齿数	齿宽/mm	材质
主动齿轮	2	55	45	S45C
从动齿轮	2	75	40	S45C

本试验台的信号采集由安装在计算机上的上位软件来实现。数据采集硬件包括 YD-186 型压电式加速度传感器(4 个)、NI cDAQ-9189 数据采集卡(1 个)、NI-9234 声音与振动数据采集卡(1 个)、NIcDAQ-9189 机箱(1 台)。由于本试验中主要采集振动信号，所以采用 NI-9234 声音与振动输入模块进行振动信号的测量。NI-9234 声音与振动输入模块包含 4 个通道，可同时进行 2～50 kHz 的频率信号采集，采集速率高达 51.2 kHz，并包含内置的抗混叠滤波器，可自动调整采样率。可以测量集成电子压电和非集成电子压电的传感器信号，每个输入通道可以同步测量并自动调至采样率。NI-9234 声音与振动输入模块实物如图 3-13 所示。NIcDAQ-9189 机箱是一种基于 TSN 的以太网的 CompactDAQ 机箱，共分为 8 个槽，最多测量 128 路通道信号，专为小型便携分布式传感器的测量系统而设计，可控制 C 系列的 I/O 模块与外部主机之间的同步或定时数据传输，具有精确、同步的时序，适合长距离的分布式测量。NIcDAQ-9189 数据采集卡实物如图 3-14 所示。

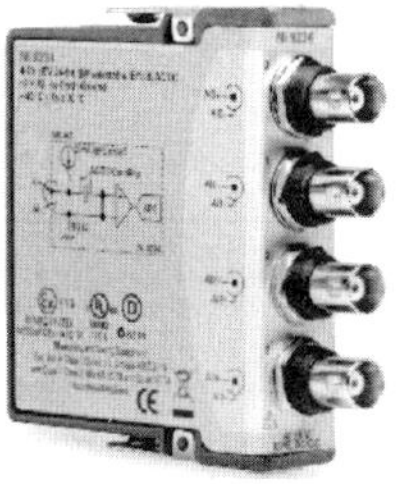

图 3-13　NI-9234 声音与振动输入模块

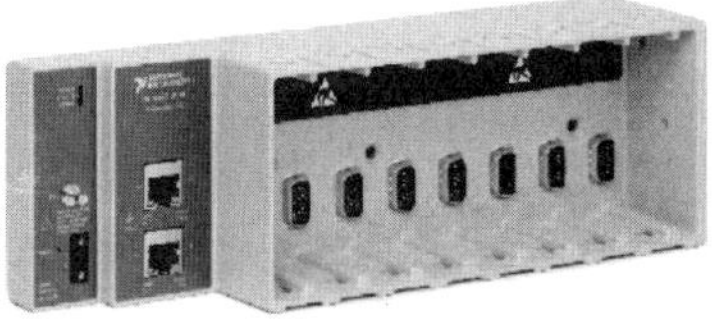

图 3-14　NIcDAQ-9189 数据采集机箱

信号采集系统软件采用与 NI 产品配套的编程语言 Labview 开发设计。Labview 采用图形化编程的软件开发环境，具备强大的功能，适用于仪器自动控制、数据采集与分析、自动化测试等。Labview 可以设计相应软件与 NI 设备连接，从各类型传感器中获取数据并实时显示分析、绘制图表、仪器控制和生产过程仿真等操作，采用 Labview 编程简单易学，可以提高编程人员的开发速度，节省开发时间，因此被广泛用于各种工业应用。采用 Labview 开发试验所需的软件。图 3-15 所示是该采集软件的外观界面和参数设置界面。该采集软件具有信号采集、实时显示、数据存储和频谱分析等功能。该采集软件可实现对振动信号实时测量显示并进行频谱、包络谱分析，可同时测量 4 通道信号数据。默认振动信号设置单次点击保存，采集模式为连续采集，初始采样频率为 1.2 kHz，采样长度为 40 960，单次数据周期为 2.5。

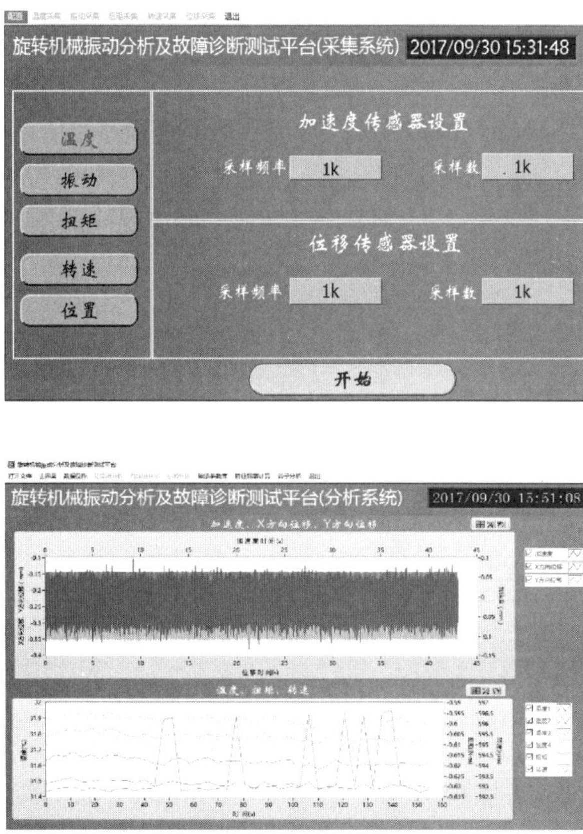

图 3-15　数据采集系统

振动传感器选择 YD186 型压电式加速度传感器，其技术参数如表 3-3 所示。安装方式采用永久磁铁底座安装。YD186 型电式加速度传感器可用于检测齿轮箱中齿轮副磨损、轴倾斜、失衡和机械松动等状态。YD186 型压电式加速度传感器实物图与安装示意图如图 3-16 所示。

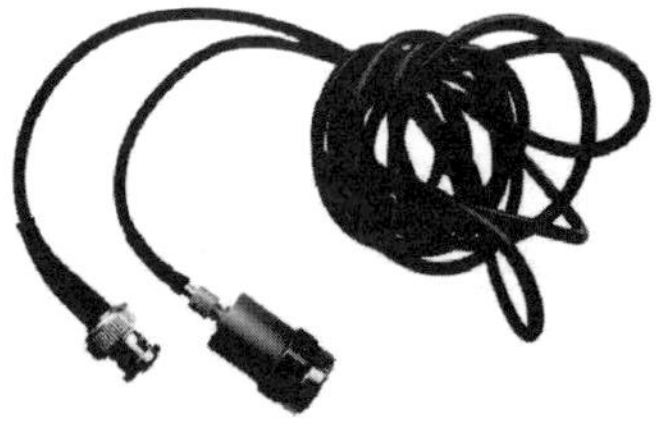

（a）实物

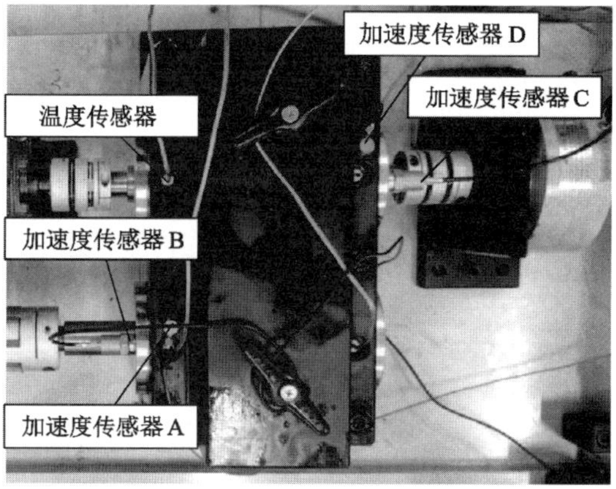

（b）安装示意图

图 3-16　YD186 型压电式加速度传感器

表 3-3　YD186 型压电式加速度传感器参数表

传感器型号	供电电源	工作电流	测量范围（峰值）	频率响应	灵敏度
YD186	±18～±28 V(DC)	+2～+10 mA	±50 g	0.5～6 000 Hz	100 mV/g

通过 Labview 的配置，实现传感器、采集卡和计算机的连接，从而将故障诊断系统应用于模拟试验台中，以验证故障诊断系统的有效性。

3.3.2　试验方案与操作流程

该试验研究齿轮副在啮合过程中发生的局部型微弱故障，设计齿轮多种不同故障类型，包括齿根裂纹、齿面磨掼、断齿等形式。其中断齿、裂纹和磨损如图 3-17 所示，模拟齿轮副中大动轮裂纹缺陷。根据图 3-12 连接试验设备，通过控制载荷控制器的输入激励电流，作为执行机构的磁粉制动器则会输出相应的转矩，通过该方式来模拟实际工况中齿轮箱的载荷变化。图 3-18 所示是具体试验操作流程。本试验根据提升机实际运动工况，设计模拟提升机匀速、变速提升，以及模拟不同激励电流下载荷变化的振动信号采集，来研究不同工况下减速器故障的振动情况。

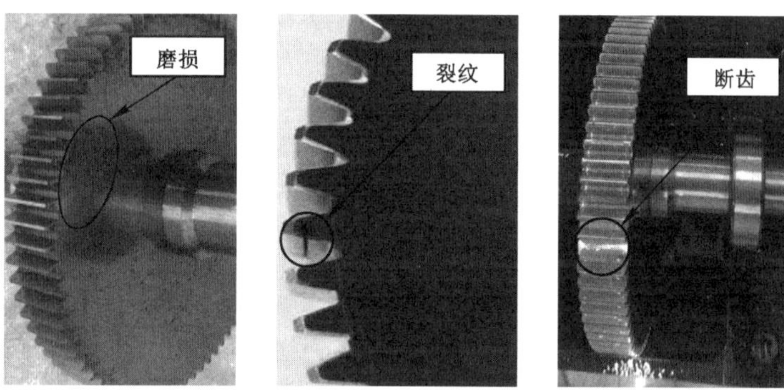

图 3-17　不同齿轮故障类型

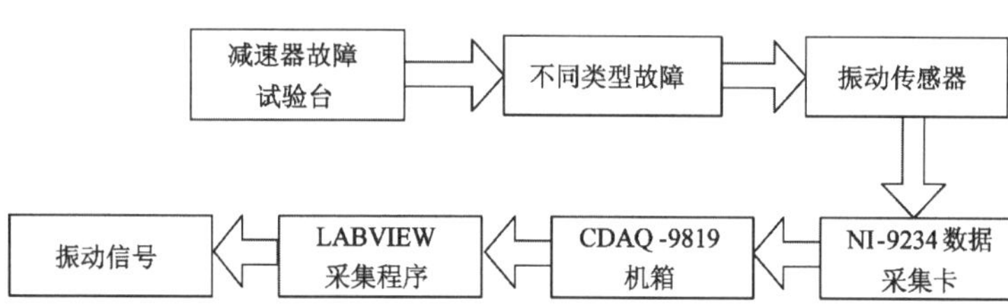

图 3-18　试验操作流程

模拟井塔多绳摩擦式矿井提升机现场电机工作参数，设定电机转速为 450 r/min，是齿轮副电机对应的理论故障特征频率。输入齿轮的转速 450 r/min，其对应转频为 7.5 Hz，齿轮的啮合频率为 412.5 Hz。输出齿轮的转速 330 r/min，其对应输出转频为 5.5 Hz。

载荷控制器激励电流分别为 0、0.1 A、0.2 A。同时为防止外界电场或磁场干扰，测试的信号线均使用屏蔽线。

表 3-4　齿轮理论故障特征频率表

转速/(r/min)	主动轮转频 f_g/Hz	从动轮转频 f_p/Hz	啮合频率 f_z/Hz
450	7.5	5.5	412.5

3.3.3　匀速提升试验分析验证

为了模拟提升机减速器匀速提升工况状态时的工作转速，设定模拟试验台驱动电机速度为 450 r/min，以试验台满负荷工作负载 5 N・m 状态下的裂纹故障为例进行试验分析验证，其对应时域波形如图 3-19 所示，由时域图可以看到明显的周期性调制现象。

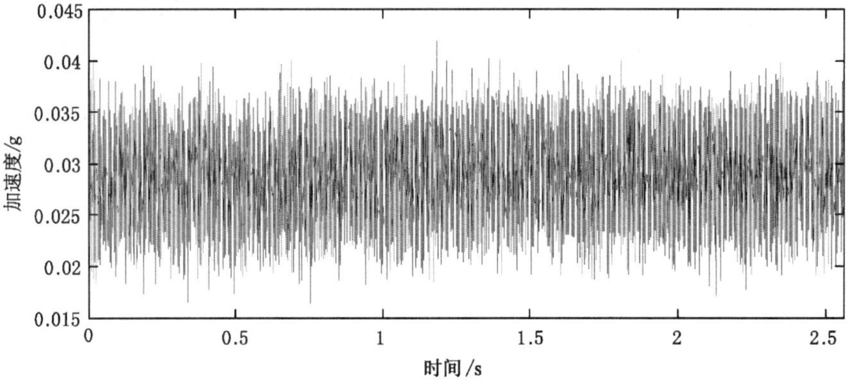

图 3-19　裂纹故障时域波形图

① 对裂纹故障信号进行自适应 EMD 分解，得到 14 个 IMF 分量 $c_1, c_2, \cdots, c_{14}$ 和一个残余分量 r_{14}，其对应分解的各 IMF 分量如图 3-20 所示。

② 将分解后的各个 IMF 分量按照啮合频率的 2 倍频率及边频区(1 000 Hz)进行划分，根据频谱图将 $c_1, c_2, \cdots, c_9$ 重组成高频共振频带即 c_h，将 $c_{10}, c_{11}, \cdots, c_{14}$ 低频啮合频带即 c_l，对应的 c_h 曲线及 c_l 曲线如图 3-21 所示。

利用 CELMD 对高频分量 c_h 进行分解。设定噪声标准差 N_{std} 为 0.2，集合次数 NE 为 100。经过 CELMD 算法处理后得到 8 个有效敏感分量 PF，如图 3-22 所示。

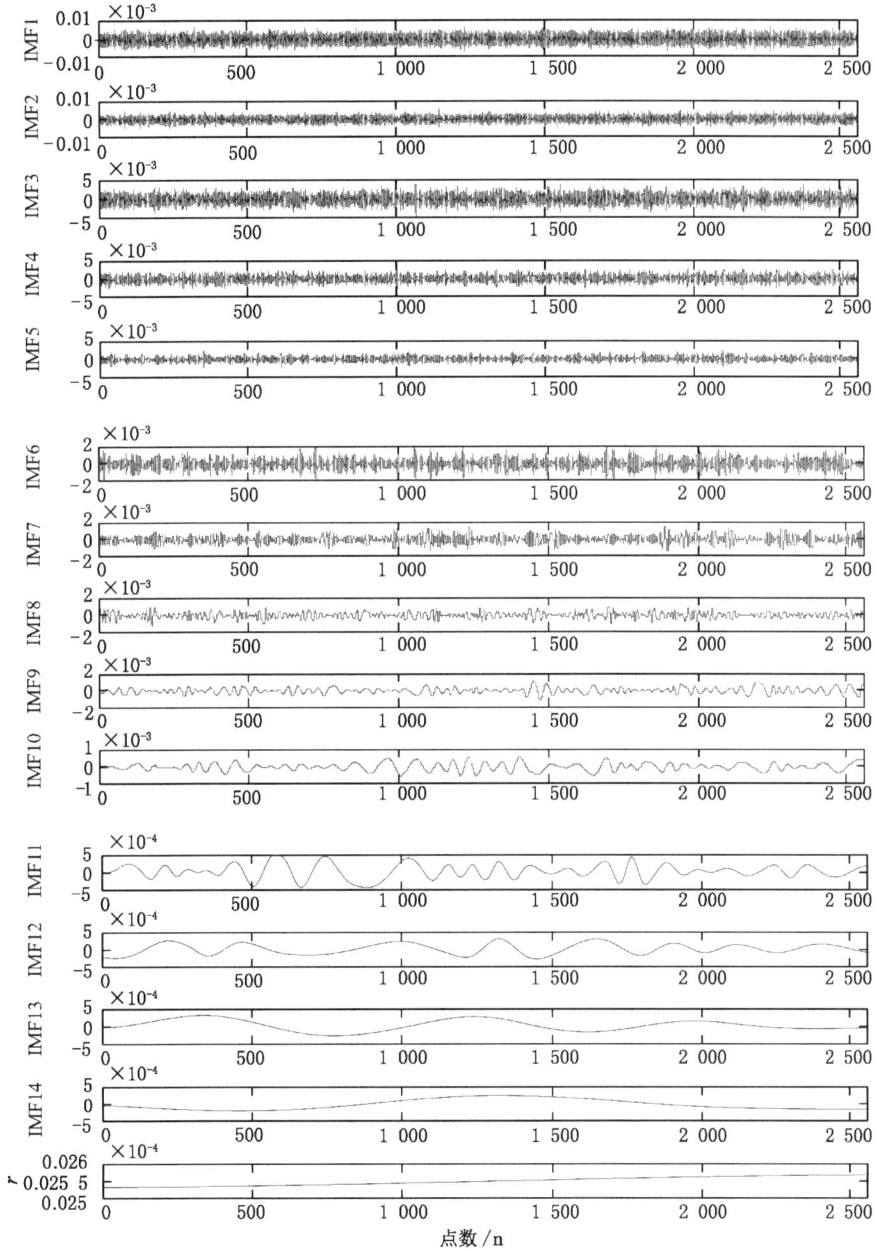

图 3-20　裂纹故障各 IMF 分量

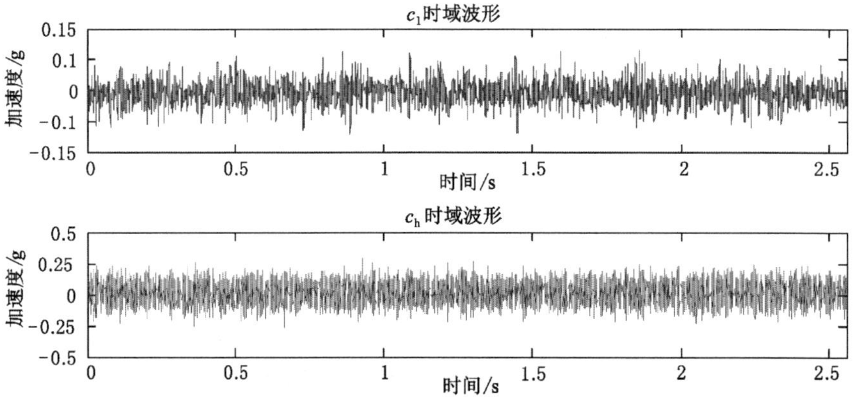

图 3-21　故障信号分解 c_h,c_l 时域

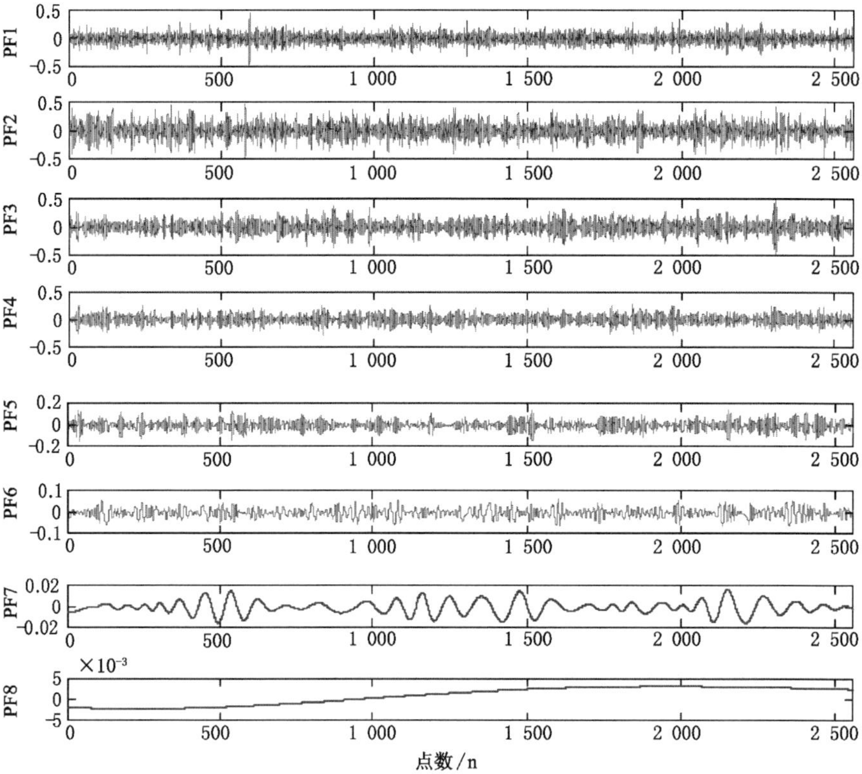

图 3-22　c_h 分解各 PF 分量

经 CELMD 分解后的各 PF 分量进行多尺度排列熵运算，结果如图 3-23 所示。再将各尺度对应 PF 分量的排列熵求均值，如图 3-24 所示。

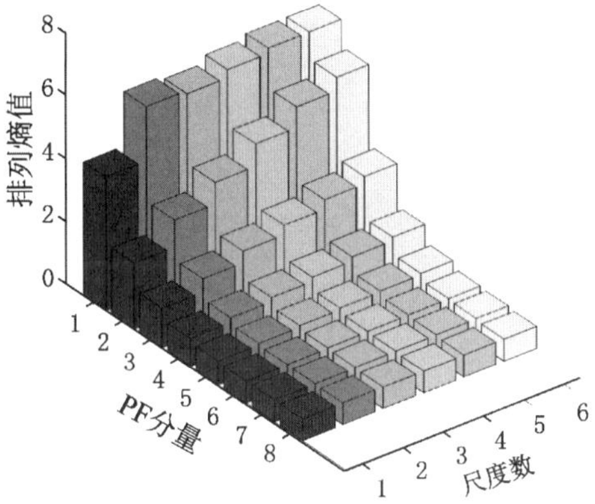

图 3-23　多尺度排列熵各 PF 分量柱状图

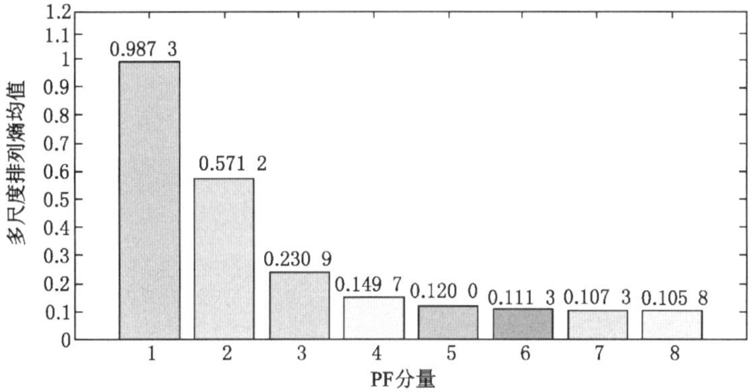

图 3-24　各 PF 分量排列熵均值

振动信号经过 CMF-CELMD 分解得到的不同 PF 分量的频率成分是由高到低排列的，且由图 3-24 可知，越靠前的 PF 分量排列熵值越大。其中前 4 个PF 排列熵值分别为0.987 3、0.571 2、0.230 9、0.149 7，其熵值具有很大的区分度，从第 5 个 PF 分量开始，其排列熵值近似相等且值都很小，都小于 0.15，因此可认为前 4 个 PF 分量包含了主要的故障信息，对高频部分重构时，前 4 个 PF 分量能够较好地反应信号的特征。处理后的信号时域如图 3-25 所示，其频域、包络图如图 3-26 和图 3-27 所示。包络图经局部放大后，如图 3-28所示。

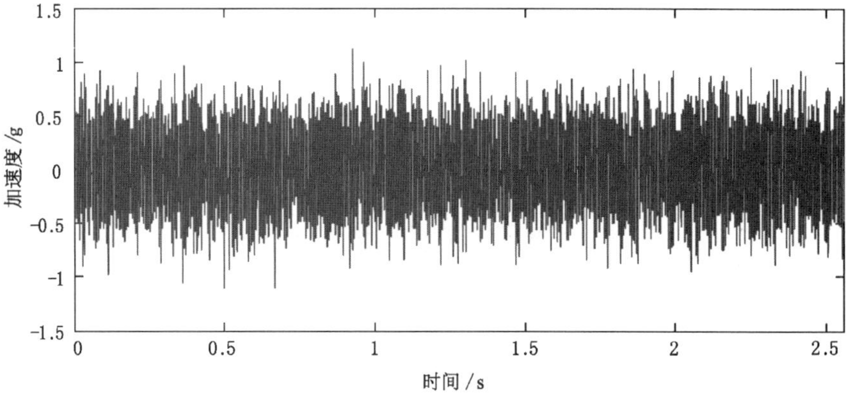

图 3-25　重构后 c_h时域

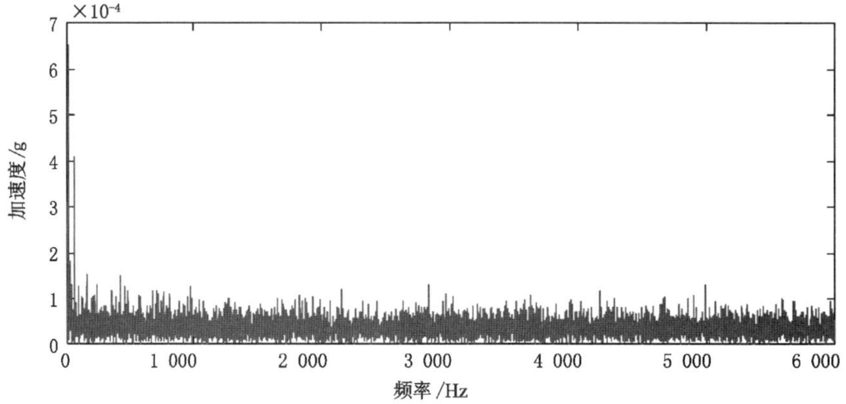

图 3-26　重构后 c_h频谱

由图 3-27 可看出，当减速器发生局部裂纹故障时，其高频带的时域曲线并未发现明显共振带。其经包络解调后在 52 Hz 处出现尖峰，分析认为该尖峰是由故障频率的倍频调制所致的，如图 3-27 所示。经包络解调后对其低频区进行局部放大，在 10 Hz 以内低频处出现三处尖峰，如图 3-28 所示，分析认

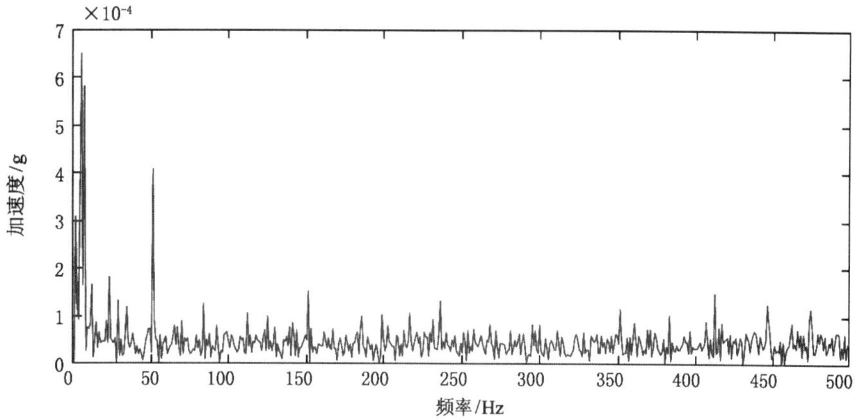

图 3-27　重构后 c_h包络图

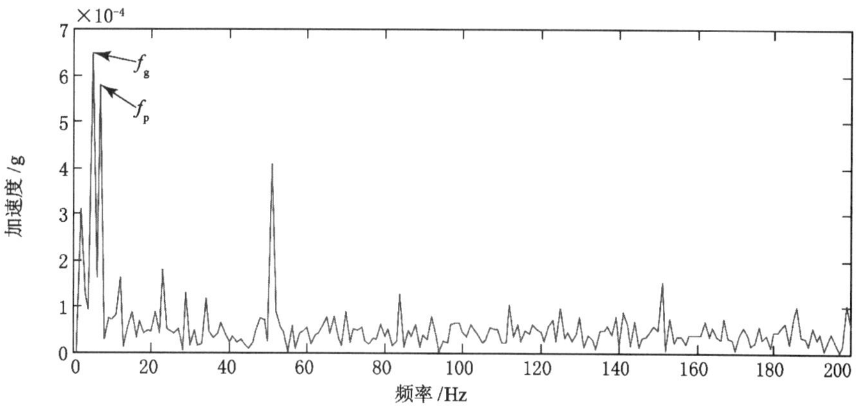

图 3-28　局部放大图

为该尖峰分别对应主动轮转频 f_g和从动轮转频 f_p。

同样对 CMF 分解后的 c_l 低频分量进行 CELMD 分解，设置参数进行配置。噪声标准差 N_{std}为 0.5，集合次数 NE 为 100，则经过 CELMD 算法分解后得到 8 个敏感 PF 分量，各 PF 分量如图 3-29 所示。

同样，对低频分量 c_l经过 CELMD 分解得到的不同 PF 分量的频率成分，进行多尺度排列熵值分析并求值，结果如图 3-30 所示；再对各尺度求平均熵值，其结果如图 3-31所示。由图 3-31 可知，前 3 个 PF 排列熵值具有很大的区分度，其排列熵值分别为0.202 6、0.160 9和0.134 8；从第 4 个 PF 分量开始，

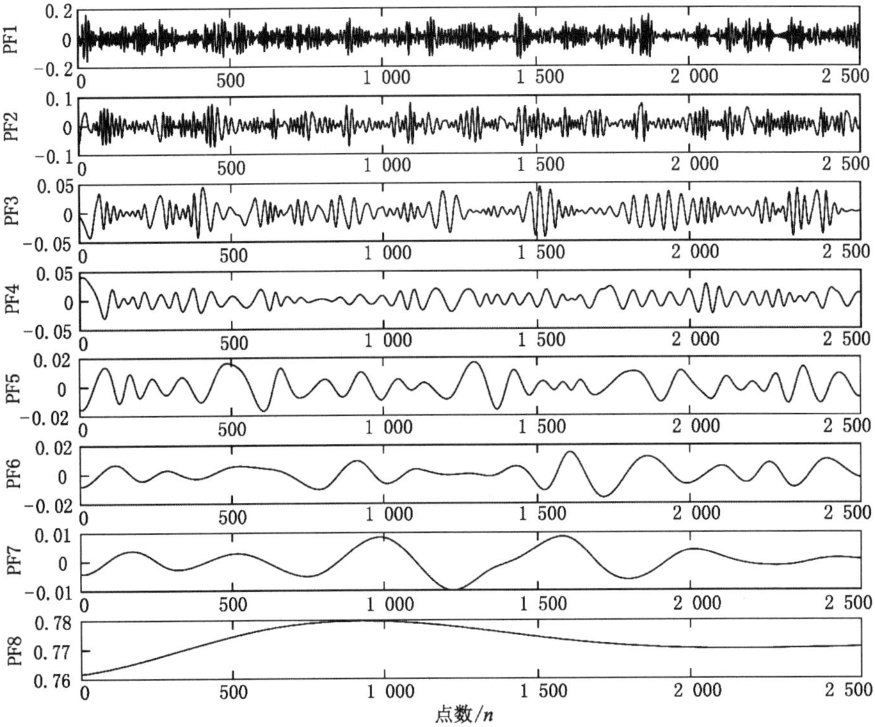

图 3-29　c_l分解各 PF 分量

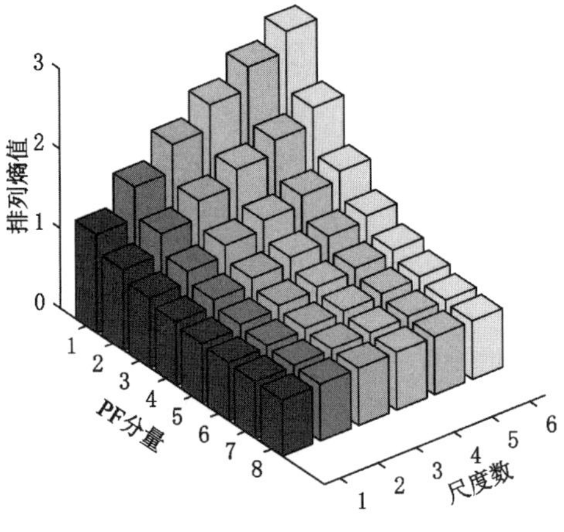

图 3-30　多尺度排列熵各 PF 分量柱状图

其排列熵值近似相等且值都很小。因此可认为前 3 个 PF 分量包含了主要的故障信息,对低频部分重构时,前 3 个 PF 分量能够较好地反应信号的特征。处理后的信号如图 3-32所示。其对应的频谱图以及包络图分别如图 3-33 和图 3-34 所示,并将包络图在 2 倍啮合频率处进行局部放大后如图 3-35 所示。

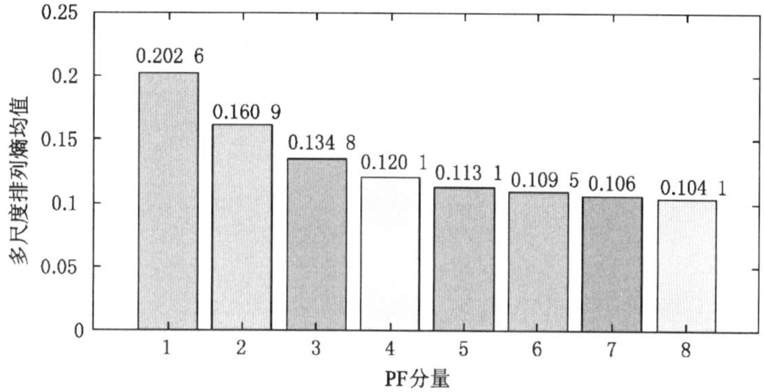

图 3-31　各 PF 分量排列熵均值

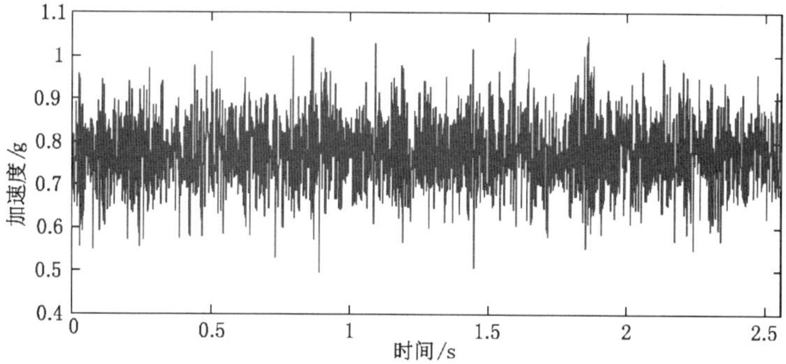

图 3-32　重构后 c_l时域

由图 3-34 和图 3-35 可知,当减速器发生局部裂纹故障时,其低频谱图中在对应的啮合频率 f_z=412 Hz 附近及其二倍频 f_z=820 Hz 附近均出现尖峰,两侧并伴有较为对称的边频带。经局部放大后可见,在以啮合频率为中心的两侧分别出现清晰以从动轮故障频率 f_n=5.5 Hz 的边频带。根据边频带的间距判断为从动轮裂纹故障。在一倍啮合频率处也出现峰值,其峰值幅值较小,其两侧也出现相应的边频带。

将原始振动信号分成高频共振调制分量 c_h 和低频啮合调制分量 c_l。根

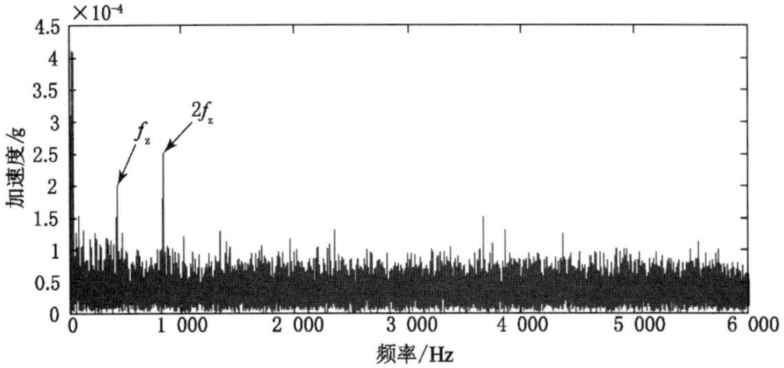

图 3-33　重构后 c_1频谱

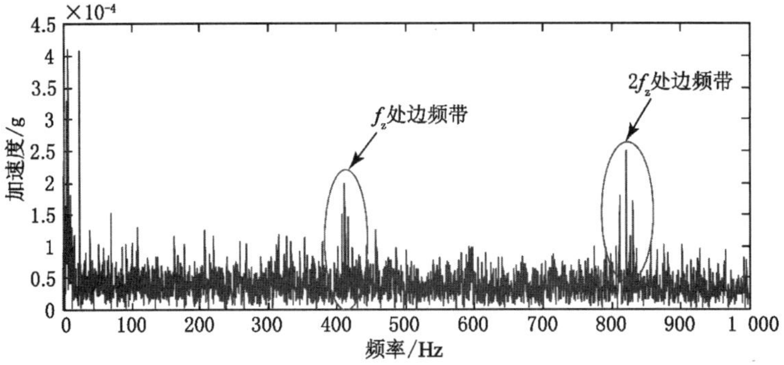

图 3-34　重构后 c_1包络图

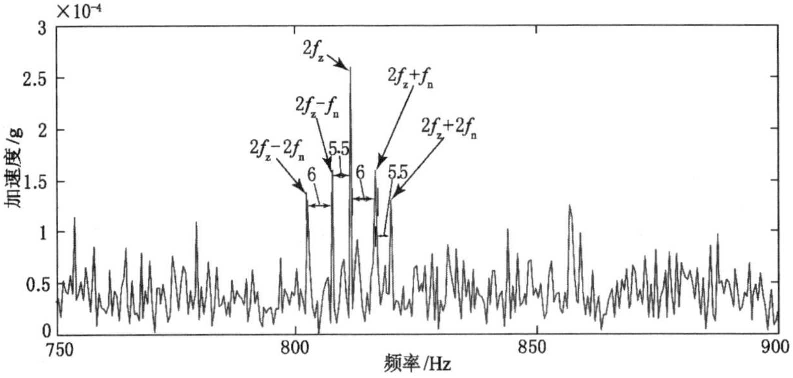

图 3-35　局部放大图

据高低分量各自信号特点分别进行解调分析后发现，分别处理的高低频带都包含信号特征信息，能够更有效辨识出故障类型。

3.3.4　加速提升试验分析验证

由于矿用提升机经常运行在加、减速提升工况下，提升机减速器的振动信号具有典型的非平稳性。轮齿啮合的频率与转频成既定关系。在变转速运行工况下，转频连续性变化，齿轮的啮合频率也不再是固定值。对于转速变化的非平稳信号，采用传统的傅立叶变换进行频谱分析，其频谱中各频率特性将会产生严重的“频率模糊”现象，很难识别信号中的故障特性。如果将时域非平稳信号通过阶次跟踪方法转换为角域准平稳信号，信号以输入或输出轴转频归一化处理后，特征阶次变为常量，其阶次谱分布不再受转速的影响，保证了转速参考轴的角域信号实现整周期截断，进而突出故障频率特性。

本节利用试验台进行的模拟提升机减速器加速提升工况下的故障试验。该试验以输出齿轮裂纹故障下试验数据为例。启动阶段的匀加速阶段所采集的齿轮振动信号，速度由 0 加速到额定转速 1 500 r/min，其时域信号如图 3-36 所示。0～5.5 s 为匀加速提升阶段，5.5～7 s 以后为匀速提升阶段。在加速阶段由于故障频率与转速相关，振动的幅值随速度的增加幅值明显增强。频谱中各频率特征模糊不清，很难识别信号的故障特征，如图 3-37 所示。

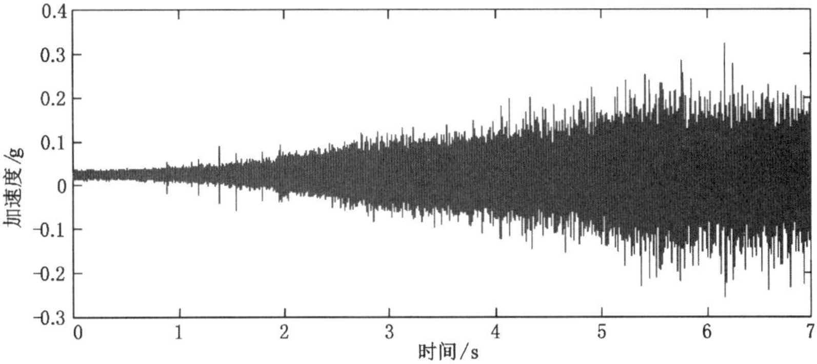

图 3-36　局部故障时加速阶段振动信号时域

计算阶次谱分析方法(computed order tracking)，简称为 COT。该方法将等时间采集的振动信号通过等角度插值得到等角度的离散化一维数组，然后进行 FFT 变换得到阶次分析谱图，即将等时间采集的非平稳振动信号转化为等角度的平稳信号进行分析。首先将振动信号和参考轴转速信号分别利用

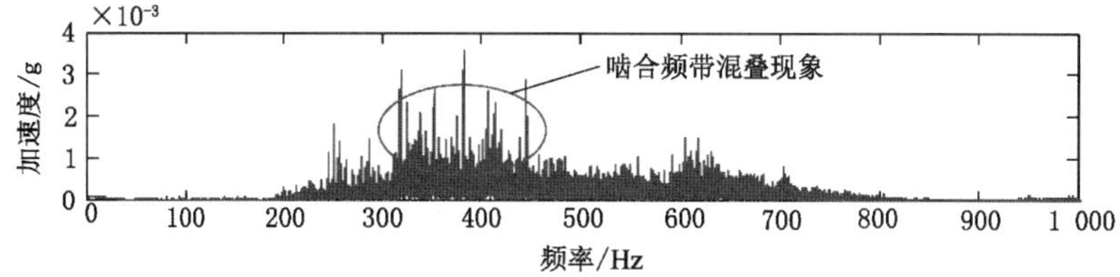

图 3-37　局部故障时加速阶段振动信号频谱

加速度传感器和键相装置进行同步采集，这样加速度传感器采集的信号即为等时间间隔采样的时域信号。键相装置则为转速计，其采集信号为参考轴每旋转一周所触发的脉冲序列组成，用于计算参考轴的转速。由于键相信号中各个脉冲间隔内参考轴的转角相同，因而可据此认为相同转角的时间点即为时域振动信号等角度间隔重采样的时间点，然后利用三次样条幅值插值法对时域振动信号在各个重采样时间点处进行计算幅值，从而得到等角度间隔采样的角域振动信号，再利用傅立叶变换对其进行阶次谱分析。这个过程就是计算阶次谱分析，其数据处理流程如图 3-38 所示。

具体实现步骤为：

① 同步采集变速工况下减速器某测点的振动信号 $x(t)$和转速信号 $r(t)$。

② 按式(3-34)计算参考轴的角位移。

$$\rho(t)=\rho(N\Delta t)=\frac{\pi}{30}\sum_{k=0}^{N-1}r(k)\Delta t \tag{3-34}$$

③ 确定阶次带宽 O_m，设定滤波器的截止频率 $f_c \geqslant O_m \max[r(t)]/60$，对信号进行低通滤波处理。

④ 确定角域阶次采样率 $O_s \geqslant 120f_c/\max[r(t)]$。以间隔 $\Delta\theta=1/O_s$ 生成转角序列 θ_s。对转角曲线 $\rho(t)$进行三次样条插值，获得对应的重采样时间序列 t'。

⑤ 按照时间序列 t'对振动信号 $x(t)$进行三次样条插值重采样，从而得到等角度间隔的振动信号 $x(\theta_s)$。

根据上述方法将非平稳的时域振动信号最终转化为角域平稳信号。以减速器裂纹故障状态下启动加速提升阶段的时域信号为例，如图 3-36 所示，根据上面提到的角度域重采样实现步骤进行处理。以小齿轮所在的输出轴为参考轴，设为 $F_o=1$ 阶，各谐波分量就是第 n 阶。而大齿轮与小齿轮的齿数比 $i=75/55=1.36$，因而大齿轮轮齿的故障特征阶次为 $F_i=1.36$ 阶，啮合阶次 $F_z=f_z/f_i=55$ 阶，则角度域重采样信号如图 3-39 所示。

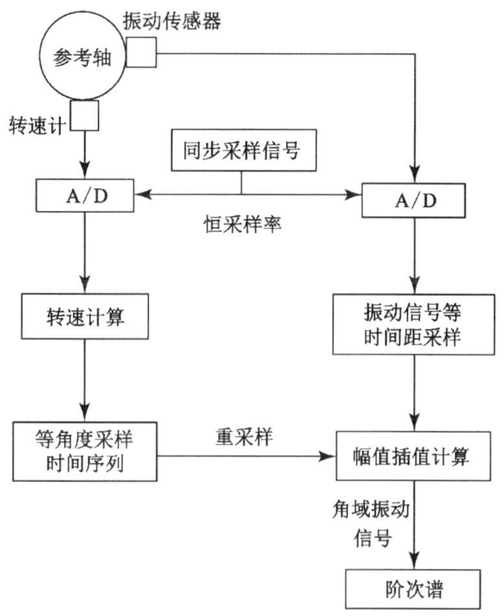

图 3-38　计算阶次谱分析方法数据处理流程

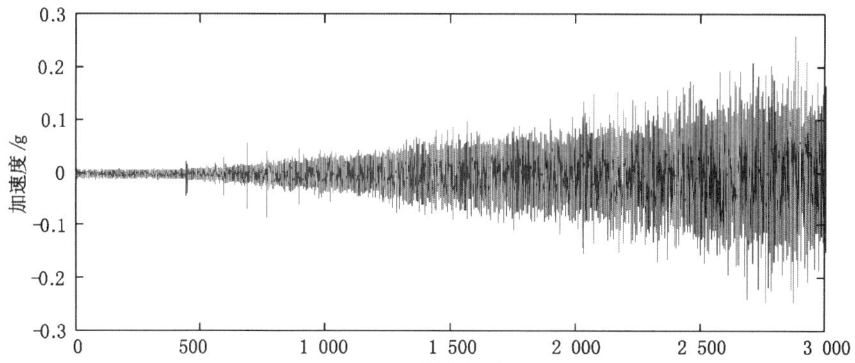

图 3-39　局部故障下加速工况振动信号时域图

对图 3-39 转化后的角域振动信号进行 FFT 处理，得到图 3-40 所示的阶次谱。与重采样前频谱(图 3-36)比较，从图 3-40 所示的阶次谱中可以看出，频谱由原来的“频率模糊”现象变为特征信号间距基本相等，基本消除了转速不平稳对时域采样的影响；由啮合阶次的成分明显可见，二倍啮合阶次比较突出。角度域重采样后，特征频率的能量明显增强，提高了信号特征的识别能力。在啮合频率及其二倍频两侧可见故障阶次边频带。但故障阶次边频带并不十分清晰，因此需要对角度域信号进行处理分析。

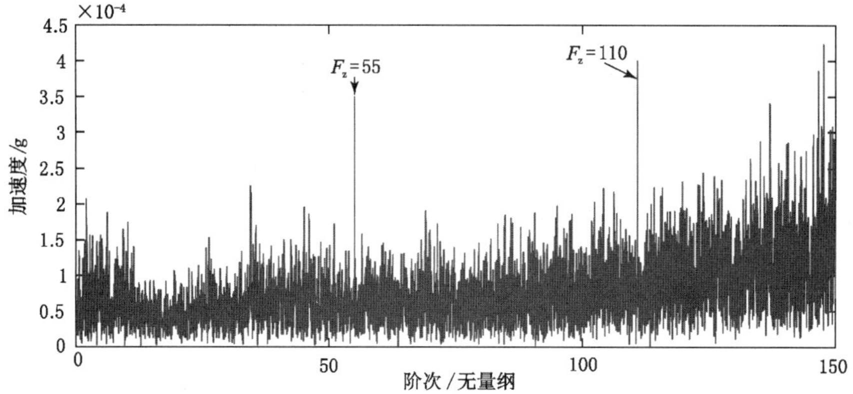

图 3-40 局部故障加速工况角度域重采样后振动信号阶次谱

首先，对角度域重采样时域信号进行 EMD 分解，得出对应分解后的各个 IMF 分量如图 3-41 所示。

将分解后的 IMF 分量进行 CMF 分解重构，得到 c_h 和 c_l 两个分量，其对应的时域曲线如图 3-42 所示。

然后，将得到的 c_h 信号进行 CELMD 分解，对分解的参数进行配置。噪声标准差 N_{std}设为 0.1，集合次数 NE 设为 100。则经过 CELMD 算法分解后得到 8 个 PF 敏感分量，如图 3-43 所示。

经 CELMD 分解后的各 PF 分量再进行多尺度排列熵运算。各个排列熵柱状图如图 3-44 所示。再将各尺度对应 PF 分量的排列熵求均值，其结果如图 3-45 所示。

由图 3-45 可以看出，对于振动信号经 CMF-CELMD 分解后得到的各 PF 分量的排列熵均值柱状图，前 4 个 PF 排列熵值具有很大的区分度，其熵值分别为0.408 6、0.261 7、0.184 2和0.141 3；从第 5 个 PF 分量开始，其排列熵值近似相等且都很小，因此可认为前 4 个 PF 分量包含了主要的故障信息。重

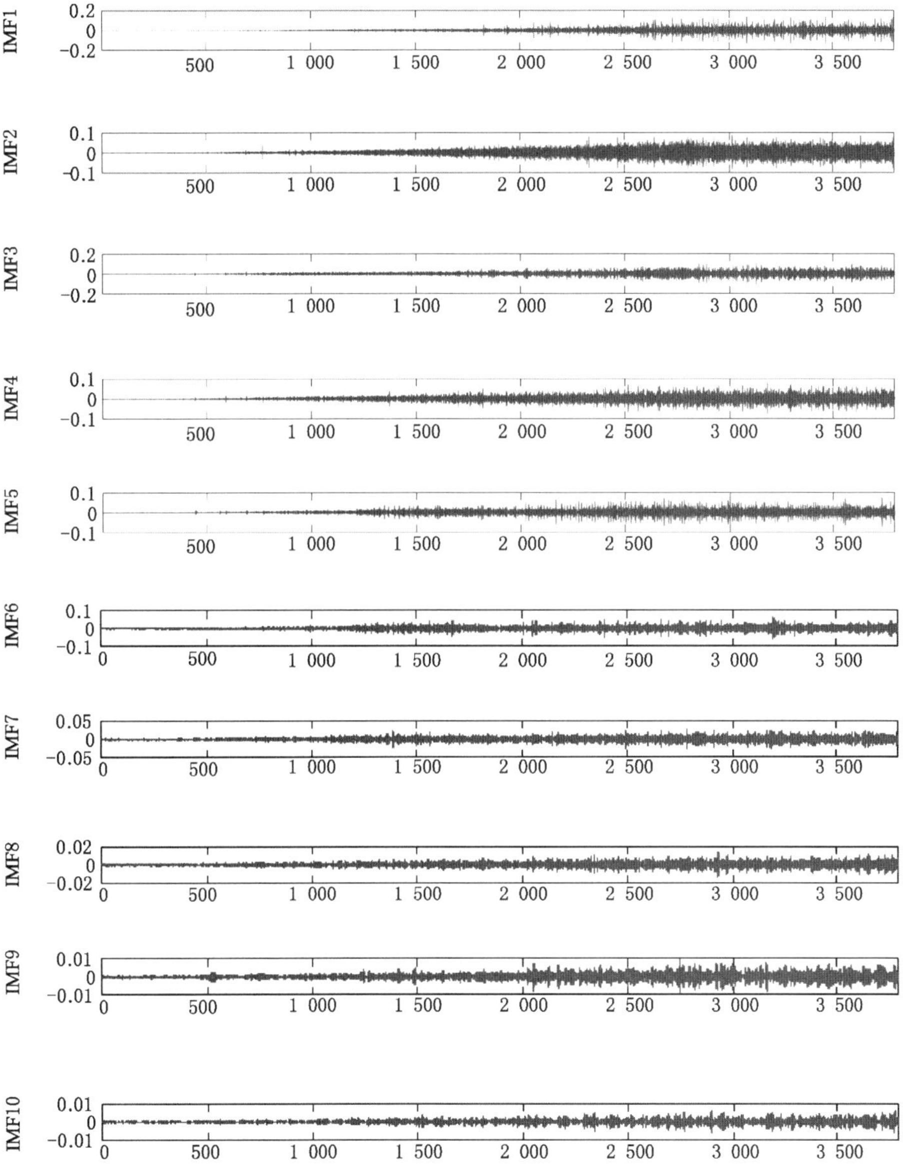

图 3-41　裂纹故障加速提升工况各 IMF 分量

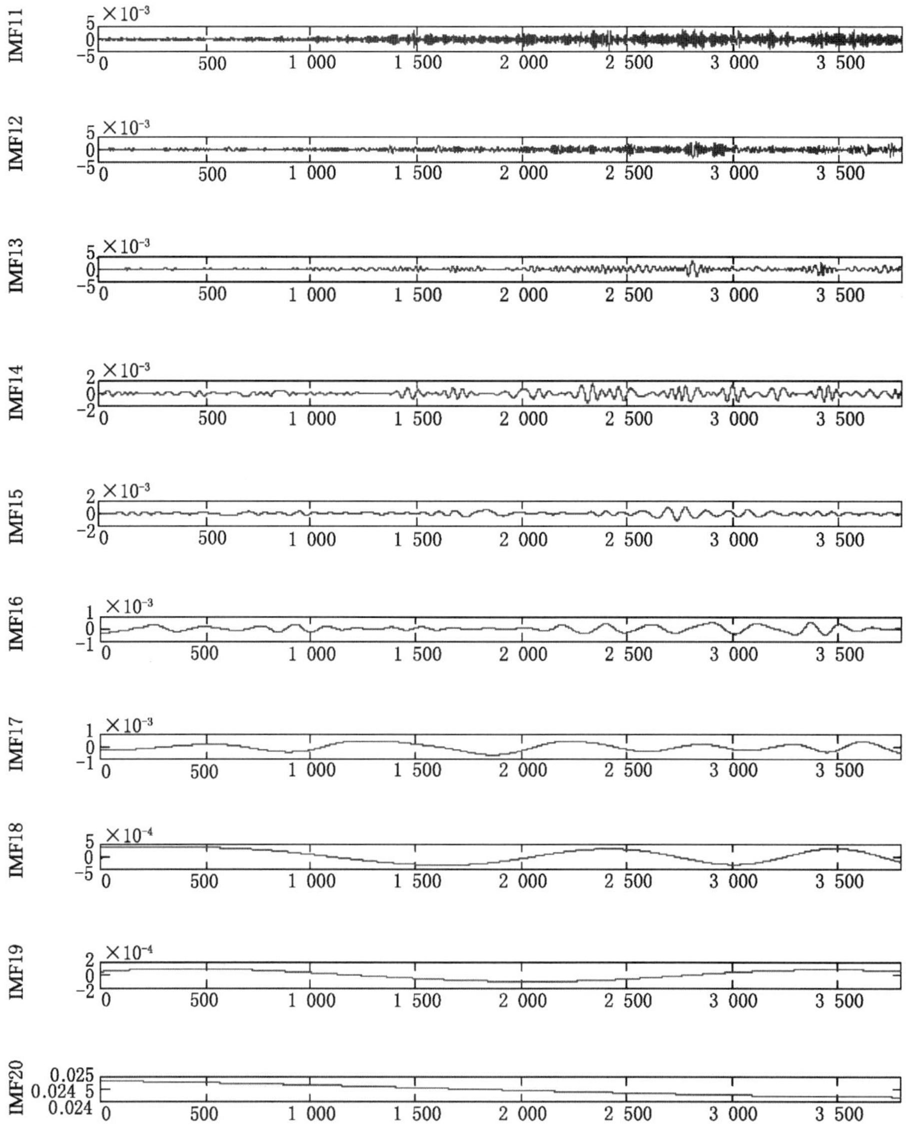
IMF11
×10⁻³
IMF12
IMF13
IMF14
IMF15
IMF16
IMF17
IMF18
×10⁻⁴
IMF19
IMF20
0.025
0.024 5
0.024
0
500
1 000
1 500
2 000
2 500
3 000
3 500

图 3-41(续)

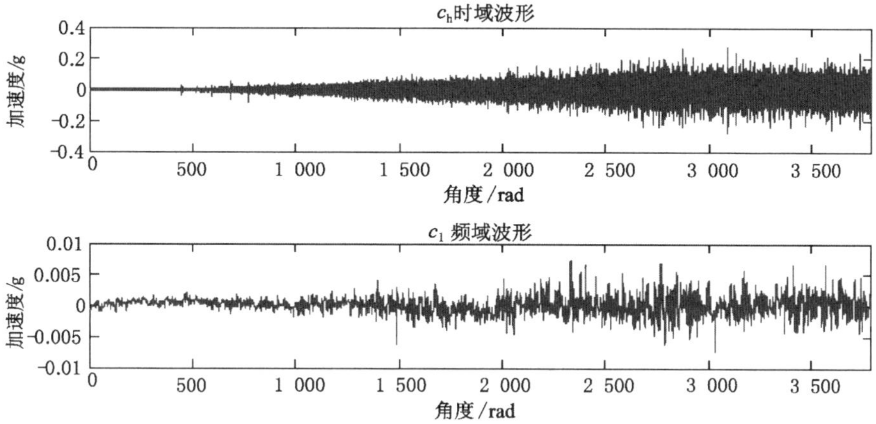

图 3-42　加速提升工况 CMF 分解后 c_h、c_l 角度域图

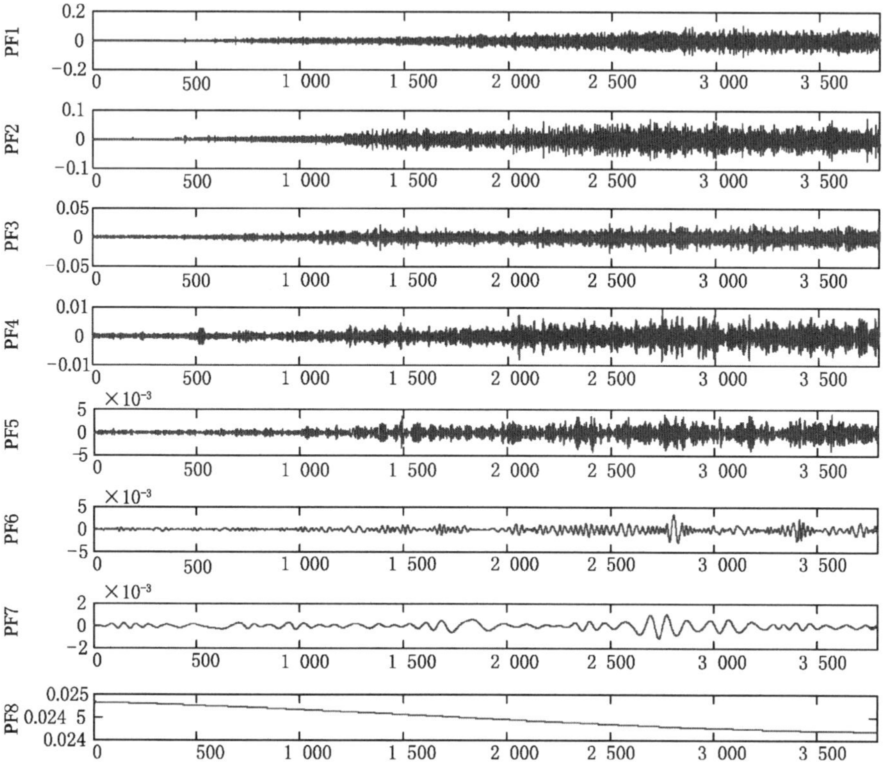

图 3-43　c_h分解各 PF 分量

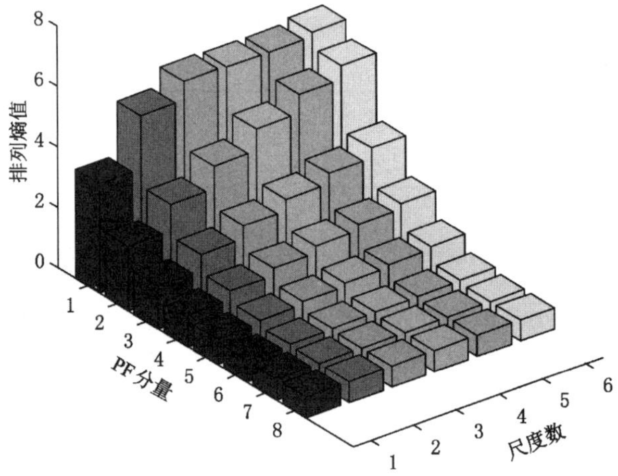

图 3-44　多尺度排列熵各 PF 分量柱状图

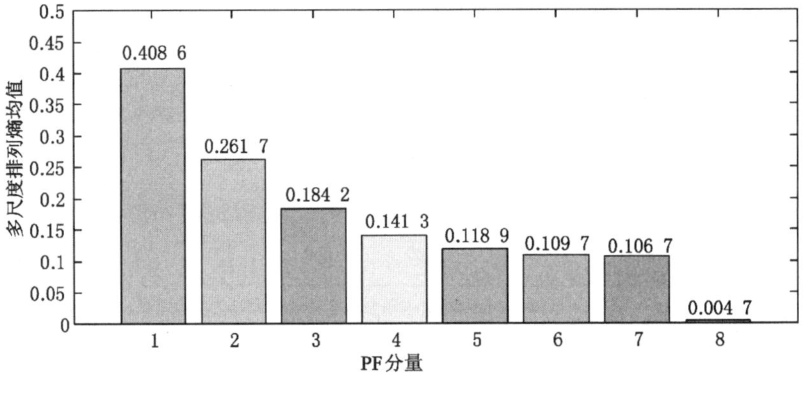

图 3-45　各 PF 排列熵均值

构时前 4 个 PF 分量就能够较好地反应信号的特征。

同样对得到的 c_1 信号进行 CELMD 分解，对分解的参数进行配置。噪声标准差 N_{std} 设为 0.5，集合次数 NE 设为 100。经过 CELMD 算法处理后得到 8 个 PF 敏感分量，如图 3-46 所示。

经 CELMD 分解后 c_1 的各 PF 分量进行多尺度排列熵运算，其结果如图 3-47所示。将各尺度对应 PF 分量的排列熵求均值后得柱状图，分解后计算各个分量的排列熵均值，其结果如图 3-48 所示。

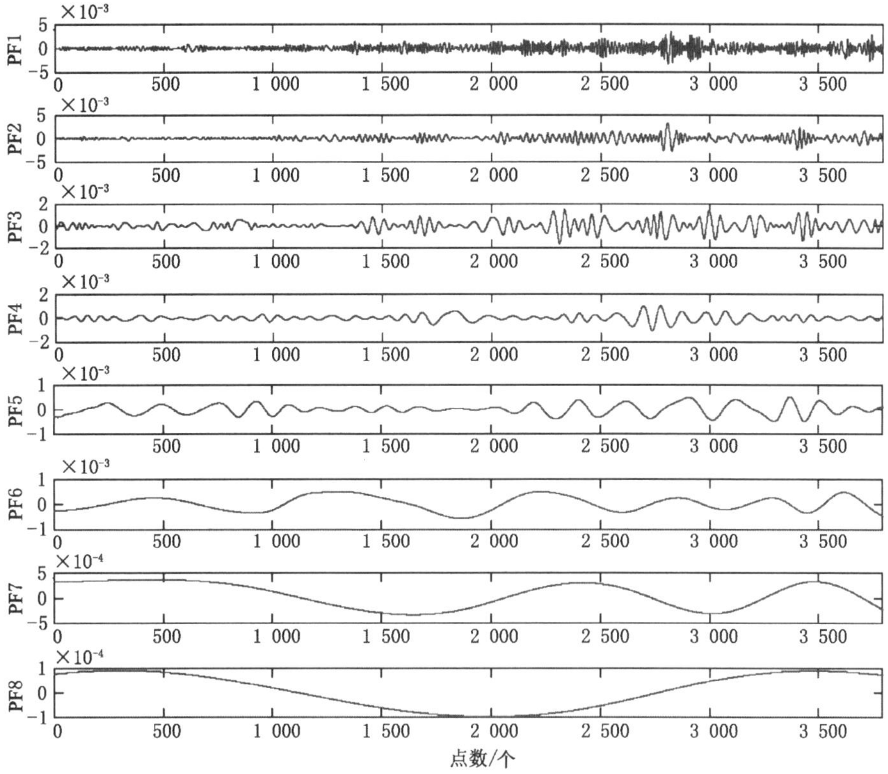

图 3-46　c_1分解后各 PF 分量

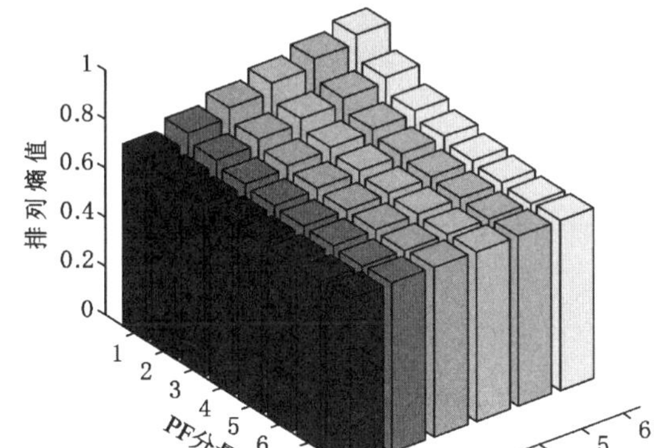

图 3-47　多尺度排列熵各 PF 分量柱状图

由图 3-48 可以看出，对于振动信号低频 c_1 带经 CMF-CELMD 分解后得到的各 PF 分量的排列熵柱状图，每个 PF 排列熵值近似相等且都小于 0.15，其区分度十分不明显。因此可用前 4 个 PF 分量作为重构信息。

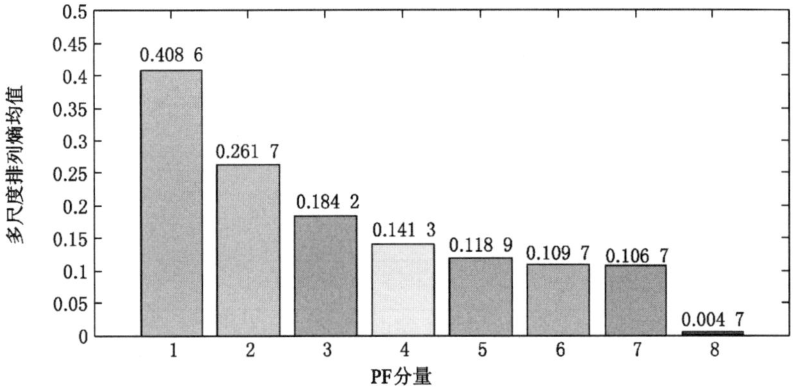

图 3-48 各 PF 排列熵均值

由于低频带利用排列熵提取故障信息并不明显，因此将低频带前 4 个 PF 分量与高频带的前 4 个 PF 分量一起进行信息重构，得重构后等角域振动信号时域图，如图 3-49 所示。

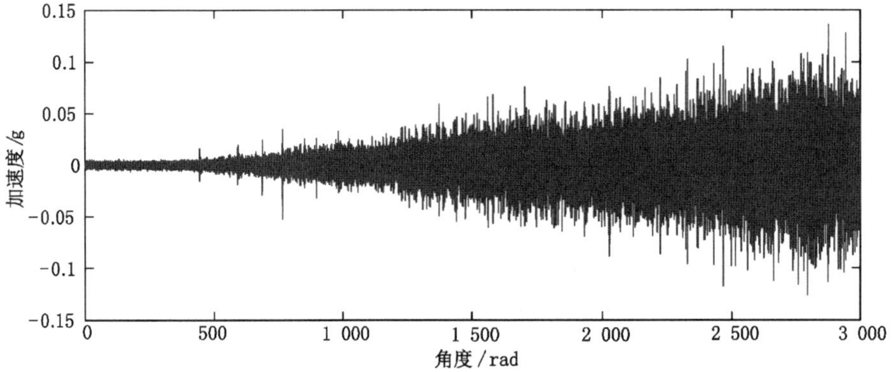

图 3-49 重构后等角域振动信号时域

以减速器小齿轮轴所在的输出轴作为参考轴，因此参考轴的阶次 F_o 为 1。对重构后的角域振动信号进行 FFT 处理，得到包络阶次谱，如图 3-50 所示。从图 3-50 中可以看出，谱线清晰可辨；据此提取出的阶次信息成分包括 F_o、$3F_o$、$4F_o$、$5F_o$、$6F_o$、$7F_o$、$8F_o$ 倍阶次。据此可以判断故障为输出齿轮故障。无论从匀速阶段还是加速阶段均判断出故障为输出齿轮故障。相比匀速提升阶段,加速阶段提取的故障特征更为突出。

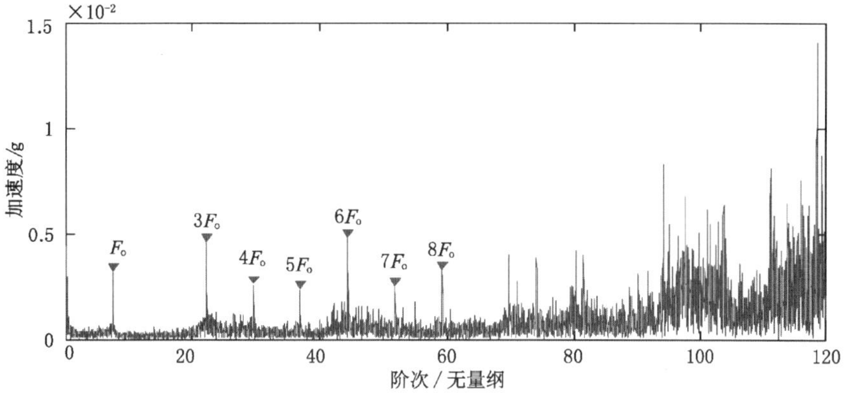

图 3-50　包络阶次谱

3.4　本章小结

本章提出采用 CMF 将信号分解为各阶啮合调制带和共振调制带两个分量。对 CELMD 分解中所加白噪声幅值进行优化,进而消除 EMD 模态混叠现象,同时消除白噪声幅值选取不当导致的过分解现象。结合多尺度排列熵法提取周期性冲击成分,从多方面反映序列的特征信息,从而提高特征信息的稳定性和鲁棒性。

① 针对 EMD 分解法存在的不足,提出 CMF 分解方法。将原始信号分解成高低两个不同频带,消除 EMD 分解过程中模态混叠现象。通过高低不同分量分别优化 CELMD 所加白噪声的幅值,提高 CELMD 分解精度。

② 提出一种基于多尺度排列熵的周期性冲击成分提取方法,从不同尺度描述模态分量分解后的敏感程度,减小单一尺度的偏差,提高提取信号的稳定性。

第4章 减速器复合故障特征提取

由于提升机工作环境较为恶劣，并长期处于高负荷工作状态，提升机的零部件(轴、轴承、齿轮等)极易发生疲劳进而引发局部故障。随着提升机故障演变，多种类型、多处的提升机故障同时产生和发展，如碰磨、剥落、裂纹等故障同时产生。当某一种故障产生时，发生故障的部件不可避免地会影响到与之紧密相连的其他部件的性能和动态响应。在同一部件或不同部件上诱发其他故障，就会导致复合故障的出现。由于故障部件结构、故障位置不同，故障信号成分的特征表现也有所不同，这增加了故障信号分离解耦的难度。相比单一故障诊断，多故障的同时出现使得较为微弱的故障信号成分往往被较强的故障信号成分和噪声所淹没。因此采集到的信号数据往往不能有效反应故障信号的特性，为故障特征的提取增添了困难。针对提升机减速器同时包含齿轮和滚动轴承缺陷的复合故障，研究提高信号信噪比、依次分离强弱故障源、提高减速器复合故障检测和故障类型辨识能力的方法。

采用 CMF-CELMD，结合多尺度排列熵对提升机减速器齿轮故障进行诊断，消除 EMD 模态混叠现象，同时消除 CELMD 参数选取不当导致的过分解现象。但是，该方法的改进并没有从本质上消除原信号中的噪声因素，即原信号的信噪比并没有得到实质性的提高。当在强背景噪声环境下的提升机减速器出现复合故障时，微弱的故障特征信号很容易被噪声淹没，因此需要提出一种降噪方法用以前置滤波。以一定统计特征指标通过滤波进行降噪预处理，使微弱的故障特征信号得到增强。

针对高频分量，在寻找最佳滤波频带区域前，采用与周期性冲击故障相匹配的最大相关峭度解卷积滤波器组，对信号进行预处理。该方法在强背景噪声环境中，能提取较弱的冲击信号，进一步提高信号的信噪比，提取出感兴趣的信号成分。同时，改进 Kurtogram 算法用时域内统计特征指标检测单个脉冲的不足。考虑故障信号周期重复冲击的特性适合频域指标检测这一特点，设计联合时域和频域特征信息图，以弥补单纯的只考虑时域检测对周期重复冲击信号检测不足的缺陷。采用负摘取代峭度，构造基于时域平方包络负熵的 SE Infogram、基于频域平方包络谱负熵的 SES Infogram 以及两者平均加权得到的 SE/SES Infogram，能够综合衡量时域和频域统计特征。

4.1 自适应最大相关峭度解卷积滤波器设计

有限脉冲响应滤波器(finite impulse response filter，简称 FIR 滤波器)具有对所有频率呈现线性的良好特性，可以实现精确地逼近任意的频率响应特性。FIR 滤波器不涉及反馈，特性稳定，广泛应用于音频、图像处理、数据传输等领域。滤波器的作用是滤出故障频率引起的调制频带，然后进行包络解调分析，以消除无关频带的影响。恰当选取滤波器以得到需要的调制频带，是旋转机械故障诊断的关键步骤。由于 FIR 滤波器通常需要大量的系数，因此 FIR 滤波器选取是否理想，很大程度上取决于信息频带参数的选取。然而信息频带参数选择的关键问题是如何找到正确的中心频率及其对应的带宽。结合 FIR 滤波器特性，通过设计带通滤波器来最大限度捕获故障相关的特征频带，从而实现对目标信号的调制滤波解调，有效抑制、消除噪声干扰并提取复合故障的相关特征。

4.1.1 最大相关峭度解卷积

最大相关峭度解卷积(maximum correlated kurtosis deconvolution，MCKD)的重要原理是寻找一个 FIR 逆滤波器。MCKD 通过计算并依据最大化相关峭度为优化目标函数，突出信号中的连续周期脉冲故障特征。在信噪比很低的情况下，MCKD 可以有效抑制信号中的噪声信号，显现信号中的周期故障冲击信号成分，从而达到信号降噪，增大原信号中的有效故障冲击信号峭度的目的。

假设 y_n 为一个连续冲击信号，y_n 通过周围环境及传输路径时会发生衰减响应，h_n 为冲击信号，x_n 为实际采集到的振动信号，e_n 为环境噪声，则在工作过程中存在下列公式：

$$x_n = h_n \times y_n + e_n \tag{4-1}$$

由式(4-1)可知，振动信号中的周期性冲击信号成分与环境噪声及传递路径之间是一种卷积关系。为便于分析忽略环境噪声的影响，MCKD 本质是通过解卷积从卷积信号中还原被传递路径中卷积成分干扰的原始信号的一个

FIR 逆滤波器，通过输出信号(x_n)恢复原输入信号(y_n)，即：

$$y_n = f_n \times x_n = \sum_{k=1}^{L} f_k \times x_{n-k+1} \tag{4-2}$$

式中 f——滤波器系数，$f = [f_1, f_2, \cdots, f_L]^{\mathrm{T}}$；

L——FIR 滤波器长度。

为使解卷积结果能够突出连续周期脉冲，以原始信号的相关峭度为优化的目标函数，并以其最大化求得最优解卷积滤波器系数，即：

$$MCKD_M(T) = \max_f CK_M(T) = \max_f \frac{\sum_{n=1}^{N} \left(\prod_{m=0}^{M} y_{n-mT}\right)^2}{\left(\sum_{n=1}^{N} y_n^2\right)^{M+1}} \tag{4-3}$$

式中 L——滤波器的长度；

T——解卷积周期，指相邻冲击信号间的采样点个数；

N——原输入信号的采样点数；

M——移位数。

移位数越大，解卷积的脉冲序列数越高，相关峭度解卷积方法的故障检测能力越高。移位数一般取 1～7。移位数决定降噪后尖脉冲的个数，若移位数太小在时域范围内会出现冲击信号不均匀分配等问题，移位数太大不但导致计算量增加的同时也会引起飘移等问题的出现。

为了求解最优的滤波器系数使得 $MCKD_M(T)$最大，可等价于求解下列方程。

$$\frac{\mathrm{d}}{\mathrm{d}f_k} CK_M(T) = 0 \quad k = 1, 2, \cdots, L \tag{4-4}$$

求解得到的滤波器系数为：

$$f = \frac{\| y \|^2}{(M+1) \ \| \beta_m \|^2} (\boldsymbol{X}_0 \boldsymbol{X}_0^{\mathrm{T}}) - 1 \sum_{m=0}^{M} \boldsymbol{X}_{mT} \alpha_m \tag{4-5}$$

式中，

$$\boldsymbol{X}_r = \begin{bmatrix} x_{1-r} & x_{2-r} & x_{3-r} & \cdots & x_{N-r} \\ 0 & x_{1-r} & x_{2-r} & \cdots & x_{N-1-r} \\ 0 & 0 & x_{1-r} & \cdots & x_{N-2-r} \\ \vdots & \vdots & \vdots & \vdots & \vdots \\ 0 & 0 & 0 & \cdots & x_{N-L-r+1} \end{bmatrix}_{L \times N} \tag{4-6}$$

$$r = [0 \quad T \quad 2T \quad \cdots \quad mT] \tag{4-7}$$

$$\boldsymbol{\alpha}_m = \begin{bmatrix} y_{1-mT}^{-1}(y_1^2 y_{1-T}^2 \cdots y_{1-mT}^2) \\ y_{2-mT}^{-1}(y_2^2 y_{2-T}^2 \cdots y_{2-mT}^2) \\ \vdots \\ y_{N-mT}^{-1}(y_N^2 y_{N-T}^2 \cdots y_{N-mT}^2) \end{bmatrix} \tag{4-8}$$

$$\boldsymbol{\beta}_m = \begin{bmatrix} y_1 y_{1-T} \cdots y_{1-mT} \\ y_2 y_{2-T} \cdots y_{2-mT} \\ \vdots \\ y_N y_{N-T} \cdots y_{N-mT} \end{bmatrix}_{N\times 1} \tag{4-9}$$

将以上得到的滤波器系数带入公式(4-5),通过实际采集信号 x_n 即可得到解卷积信号(即原冲击信号 y_n),如图 4-1 所示。

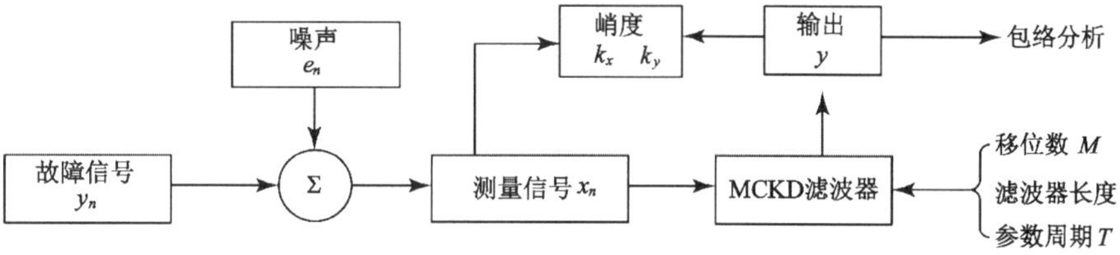

图 4-1　MCKD 故障特征提取流程

4.1.2　人工鱼群算法寻优 MCKD 参数

MCKD 的解卷积结果受滤波器移位数和滤波器长度严重影响。利用人工鱼群算法(artificial fish-school algorithm,AFSA)优化 MCKD 中两个重要影响参数,以实现移位数和滤波器长度两个参数自适应地选取最优值。

AFSA 作为一种基于动物行为的群体智能优化算法,在可视域内利用向量模仿鱼类的各种行为(觅食、聚群、追尾等行为),进行多次迭代以寻求最优解的智能迭代演化算法,以此完成相应目标的优化。设人工鱼个体状态 $X=[x_1,x_2,\cdots,x_n]$,其中,n 为鱼群数量;$X_i=[M_i,L_i](i=1,2,\cdots,n)$为寻优变量,表示第 i 条人工鱼所处的位置,即自适应 MCKD 方法中第 i 个待优化参数向量组合,以此来构造人工鱼。X_i 处的食物浓度值,即待优化参数组合 $X_i=[M_i,L_i]$对应的 CK 值(即包络谱相关峭度值)的大小为:

$$Y_i = CK(X_i) \quad i=1,2,\cdots,n \tag{4-10}$$

鱼群在寻优过程中包括以下几种行为。

① 觅食行为。设定某条人工鱼当前所在的状态为 X_i,在这条鱼的视野范围 Visual 内选择一个状态 X_j 为:

$$X_j = X_i + r \cdot \text{Visual} \tag{4-11}$$

式中　r——[-1,1]之间的随机数；

Visual——视野范围。

计算 X_j 状态下的食物浓度 Y_j，若食物浓度 $Y_j > Y_i$，则人工鱼便向该方向移动一步，即：

$$X_{i+1} = X_i + \text{Step} \cdot \frac{X_j - X_i}{\| X_j - X_i \|} \tag{4-12}$$

式中，Step 为移动步长。反之，若食物浓度 $Y_j < Y_i$，则重新随机选择一个位置 X_j，再次比较 X_i 和 X_j 的食物浓度；若 X_j 处的食物浓度一直较小，则在反复 Try-number 次后，随机游动一步，即：

$$X_{i+1} = X_i + r \cdot \text{Step} \tag{4-13}$$

② 聚群行为。设定某条人工鱼当前状态为 X_i，在这条鱼的视野范围 Visual 内鱼的伙伴数目为 N_p，中心位置为 X_c，通过 Y_c/N_p 比较此时视野范围内的鱼群拥挤度；当 $Y_i/N_p < \delta Y_c$ 时，表示鱼群中心位置 X_c 不算拥挤，且若此时满足食物浓度 $Y_c > Y_i$，则人工鱼向 X_c 的位置游动一步，即：

$$X_{i+1} = X_i + \text{Step} \cdot \frac{X_c - X_i}{\| X_c - X_i \|} \tag{4-14}$$

若不满足以上条件就执行觅食行为①。

③ 追尾行为。设定某条人工鱼当前状态为 X_i，在这条鱼的视野范围 Visual 内寻找最优邻居 X_m，同样通过 Y_m/N_p 判断 X_m 处的鱼群密度并分别计算 X_m 和 X_i 食物浓度，若 $Y_i/N_p < \delta Y_m$，则人工鱼向 X_m 位置游动一步为：

$$X_{i+1} = X_i + \text{Step} \cdot \frac{X_m - X_i}{\| X_m - X_i \|} \tag{4-15}$$

若不满足以上条件就执行觅食行为①。

④ 随机行为。设定某条人工鱼当前状态为 X_i，在鱼群进行觅食行为并且尝试 Try-number 次后仍然不满足向前游动的条件，则在当前状态的视野范围 Visual 内随机选择一个状态 X_j 向其游动一步。

⑤ 行为评估。根据将解决的问题评估当前环境中的人工鱼，然后执行适当的行为。

⑥ 公告更新。通过公告牌记录人工鱼的最佳状态和问题的最佳值。在执行动作后，每条人工鱼都会更新并与公告牌相对比，实现公告牌上的值不断更新。

4.1.3　自适应 MCKD 计算流程

利用人工鱼群算法，以最大相关峭度解卷积信号的包络谱的谱相关峭度值为适应度函数，并行搜寻 MCKD 的两个重要影响参数，提出了一种自适应 MCKD 复合故障诊断方法。根据以上分析可以归纳出自适应 MCKD 的计算过程如下所述。

① 根据滚动轴承的结构参数计算轴承外圈、内圈及滚动体的理论故障特征频率，设置 MCKD 的解卷积周期 T。

② 初始化人工鱼群算法的变量及搜索空间范围，根据相关资料并结合实际经验，设置的控制变量如下：

(a) 鱼群总数 N_p。其设置越高越有利于鱼群在寻优过程中跳出局部极值。当然随着 N_p 取值的设置越高计算量相应会加大。因此 N_p 取值一般设置 50～200 范围之间。本节算法中设置为 50。

(b) 最大迭代次数 Maxgen。其为算法终止条件，经验值为 30 次 。

(c) 最大尝试次数 Try_number。在人工鱼进行觅食行为时，规定了觅食行为尝试的最多次数以进行随机行为。结合随机行为的定义可以明显看出当 Try_number 设置越小时，人工鱼跳出局部极值的能力越强，本节算法中设置为 20。

(d) 感知距离 Visual。其表示人工鱼的视野范围。视野范围设置越大越容易发现全局极值点，但其设置越小会增强算法的局部搜索能力。本节算法中 Visual 的值设置为 2.5。

(e) 拥挤因子 δ。该值设置较小时最能突出觅食行为的寻优能力。本节算法中 δ 选取黄金分割值 0.618。

(f) 步长 Step。其表示人工鱼移动的最大步长。本节算法设置为 0.3。

(g) 此外，根据 MCKD 原理，滤波器长度参数 L 的搜索空间范围为[2,500]，移位数 M 的搜索空间范围为[1,7]。

③ 利用人工鱼群算法以包络谱的谱相关峭度最大值作为最优解卷积处理结果的评价指标，对 MCKD 的影响参数组合[L,M]进行并行搜索，并记录最佳参数[L^*,M^*]。

④ 根据所得的最佳参数组合设置 MCKD 的参数，并对故障信号做解卷积处理；

⑤ 根据实测信号 x 计算 $\boldsymbol{X}_{\mathrm{T}}$、$\boldsymbol{X}_0\boldsymbol{X}_0^{\mathrm{T}}$ 和 $(\boldsymbol{X}_0\boldsymbol{X}_0^{\mathrm{T}})^{-1}$；

⑥ 利用式(4-5)计算得到输出信号 y。

⑦ 通过 y 分别计算 α_m 和 β_m。

⑧ 根据式(4-8)得到优化的滤波器系数 f。

⑨ 比较滤波前后两次迭代的相对变化量 $\Delta \mathrm{CK}_{\mathrm{M}}(T)$ 与给定阈值 ε 的大

小,ε 是用于控制迭代次数。若 $\Delta CK_M(T)>\varepsilon$,则回到步骤③;否则,停止循环。

⑩ 最终的解卷积信号可由式(4-5)得到。

4.2 分频融合复合故障特征提取

4.2.1 复合故障诊断流程

利用分频融合方法对提升机减速器进行复合故障诊断,其流程如图 4-2 所示。

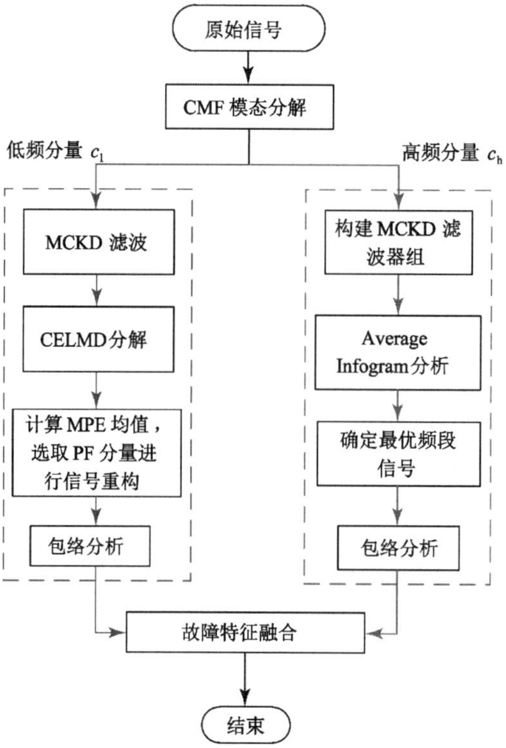

图 4-2 分频融合法提升机减速器复合故障诊断流程

① 对原始故障信号进行 CMF 分解,得到低频模态分量 c_l 和高频模态分量 c_h。

② 将低频模态分量降噪预处理后进行 CELMD 分解,根据计算的多尺度

排列熵均值选取 PF 分量，并进行信号重构。

③ 对重构后的低频模态分量进行包络解调分析，并将其频率与减速器齿轮的理论故障频率进行对比。

④ 利用公式 $T_i=f_s/f_i$、$T_o=f_s/f_o$、$T_b=f_s/f_b$ 分别计算滚动轴承故障特征的解卷积周期。式中，f_s 为采样频率，f_i、f_o、f_b 分别为内圈、外圈和滚动体故障特征的理论计算频率。得到解卷积周期后自适应寻优滤波器长度和移位数两个参数，并构建与故障冲击相匹配的 MCKD 滤波器组，将高频模态分量进行滤波处理后，分别计算各感兴趣解卷积周期的平均谱负熵值，得到关于频带分量的 Average Infogram 图，准确定位最优滤波频带。

⑤ 对最优滤波频带进行包络解调分析，并将其频率与理论故障频率进行对比。

⑥ 根据低频、高频模态分量的包络分析结果确定提升机减速器的复合故障类型。

⑦ 分析包络谱成分，将解调出的故障特征频率与理论计算值进行对比，从而判断减速器故障类型。

4.2.2　低频啮合带基于 MCKD 降噪和 CELMD 相结合的特征提取

低频带经 CELMD 分解后，多尺度排列熵值均较小，且区分度不是十分明显。考虑冲击信号成分受强背景噪声和其他信号成分的干扰，冲击故障信号特征可能相对较弱而被淹没，很难准确提取敏感 PF 分量。即使使用 CMF 对白噪声幅值进行优化，也并未准确跟踪到弱冲击信号成分。因此为了提取弱冲击成分，在使用 CELMD 提取复合故障中微弱成分时考虑前置一个滤波器，采用与 CELMD 相结合的方法，通过二次降噪提取微弱故障信号特征。而 MCKD 算法以原始信号相关峭度为优化目标函数，并以其最大化求其滤波器系数，充分考虑信号所含故障成分的周期特性，因此适合处理信噪比低并具有周期性的微弱故障信号。因此在 CELMD 前置一个滤波器，增强信号中被强烈噪声所掩盖的连续脉冲，在进行 CELMD 分解前以突显低频带较弱的冲击故障激励，提高信噪比。

综上所述，将减速器振动信号首先进行 CMF 分解，分别得到高低频带的两个模态分量。然后将低频模态分量进行 MCKD 降噪分析预处理后进行 CELMD 分解，最后基于排列熵选择某些含有故障特征信息的敏感 PF 分量进行信号重构，最后进行包络解调分析，提取出故障特征频率，从而判断减速器故障。减速器复合故障低频啮合分量处理流程如图 4-3 所示。

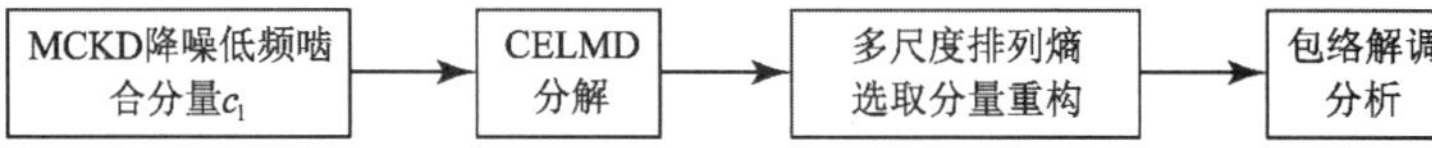

图 4-3 低频啮合分量特征提取流程

4.2.3 高频共振带基于 MCKD 滤波器组和 Infogram 特征提取

高频共振带主要集中在轴承不同元件损伤产生冲击而激起的系统高频固有频率，从而在高频带发生以故障轴承特征频率调制的共振带。因此，其关键问题转化为有效区分轴承各个部件的故障特征频率。当齿轮和轴承的某些元件同时发生不同程度的局部损伤类故障时，这类故障在做旋转运动时与它们的各自配合部件接触、碰撞时，会产生不同的周期性故障脉冲。这种脉冲引起高频冲击振动，不但会产生幅值和频率调制现象，还会激起各个元件的固有频率振动。如何从被调制信号中解调出故障频率信号是问题关键。同时这类冲击序列都会在相对较高的频率处激发结构共振响应，但由于滚动轴承的各自故障在减速器系统中所激发的共振特性不同，如果能够有效分离复合故障对应的共振频带，通过各自共振频带进行滤波解调和包络谱分析，则可以最终实现对减速器复合故障的诊断。因此，如何准确、高效地识别齿轮故障所引起的共振频带是问题关键。

针对 Kurtogram 类算法处理复合故障出现时，较弱的信号被较强信号所掩盖而引起故障特征提取不足的问题，对该方法进一步优化以提高抗噪能力，提出基于 MCKD 滤波器组构建方法，通过合理的设定滤波器参数，针对不同故障类型设置相应的 MCDK 滤波器组参数构成复合故障解卷积滤波器组，并用复合故障解卷积滤波器组对高频信号进行滤波，对滤波器所得到的信号进行 Infogram 算法处理，通过分析不同类型对应滤波器所得到信号的 Average Infogram 图定位最佳共振带。该方法计算流程如图 4-4 所示。

图 4-4 c_h 故障诊断方法计算流程

Antoni 等提出了谱峭度定义后，并将理论概念与实际应用联系起来，提出了 Kurtogram 算法，并将该算法具体应用到了解决旋转机械故障特征提取的问题上。随后进行一系列算法改进，其中一方面是改进累积统计量计算指标，用以取代峭度，从而克服峭度指标仅考虑故障相应的冲击性，而忽略循环平稳性这一局限。学者们认为单个脉冲冲击特征适合用时域内统计特征指标检测，而周期性重复瞬变脉冲适合用频域统计特征指标检测。因此，Antoni采用负熵取代峭度指标，构造了基于时域平方包络负熵的 SE Infogram、基于频域平方包络谱负熵的 SES Infogram 以及两者平均加权得到的 Average Infogram。加权后的 Average Infogram 能够对信号进行时域统计特征和频域统计特征进行综合衡量。

对于长度为 L 的信号 $x(n)$，$n=0,\cdots,L$，经过带通滤波器后的信号在频带$[f-\Delta f/2;f+\Delta f/2]$内的平方包络。带通频带内的瞬时能量可以用平方包络表示：

$$\varepsilon_x(n;f,\Delta f)=\left|x(n;f,\Delta f)\right|^2 \tag{4-16}$$

Shannon 熵可以用以下公式表示：

$$Sh=-c\sum_{i=1}^{n}p(x_i)\cdot\log[p(x_i)] \tag{4-17}$$

式中　Sh——Shannon 熵；

$p(x_i)$——序列 x_i 的概率分布，c 与单位相关的正数。

时域中的平方包络熵与谱峭度都可以表征时域内的局部瞬态变化特征。两者所不同的是峭度随着能量的集中区域最大化，而平方包络熵与之相反。为了使峭度与平方包络熵具有相同的单调性，采用平方包络负熵作为衡量指标。信号出现瞬态冲击会导致包络信号出现偏离值，从而引起较高的平均负熵值。因此 $\Delta I_\varepsilon(f;\Delta f)$值将会是区分故障信号和基准信号的一个很好的指标。由式(4-16)和式(4-17)可以推导出频带在$[f-\Delta f/2;f+\Delta f/2]$内的平方包络负熵，其公式为：

$$\begin{aligned}\Delta I_\varepsilon(f;\Delta f)&=-H_\varepsilon(f;\Delta f)\\&=\left\langle\frac{\varepsilon_x(n;f,\Delta f)^2}{\langle\varepsilon_x(n;f,\Delta f)^2\rangle}\ln\frac{\varepsilon_x(n;f,\Delta f)^2}{\langle\varepsilon_x(n;f,\Delta f)^2\rangle}\right\rangle\end{aligned} \tag{4-18}$$

SES 负熵是另外一个特征。SES 负熵能够反映信号中循环瞬态冲击性。事实上，时域中的循环瞬态冲击是在其变换的频域内的一个单一的频线。因此，如果信号中循环出现重复的瞬态冲击，那么 $\Delta I_E(f;\Delta f)$就会急剧增加。因此 $\Delta I_E(f;\Delta f)$是另外一个很好区分故障信号和基准信号的指标。相应的平方包络谱负熵衡量指标公式为：

$$\begin{aligned}\Delta I_E(f;\Delta f)&=-H_E(f;\Delta f)\\&=\left\langle\frac{E_x(n;f,\Delta f)^2}{\langle E_x(n;f,\Delta f)^2\rangle}\ln\frac{E_x(n;f,\Delta f)^2}{\langle E_x(n;f,\Delta f)^2\rangle}\right\rangle\end{aligned} \tag{4-19}$$

式中 E_x——$x[n]$平方包络谱；

$\langle\cdot\rangle$——算数平均值。

由此，对整个频带范围进行子带平方包络负熵和平方包络谱负熵计算，分别得到 SE Infogram、SES Infogram 以及他们的均值形式 $SE_{\frac{1}{2}}/SES_{\frac{1}{2}}$ Infogram。

$$\Delta I_{1/2}(f;\Delta f)=\frac{\Delta I_e(f;\Delta f)}{2}+\frac{\Delta I_E(f;\Delta f)}{2} \tag{4-20}$$

Average Infogram 谱同谱峭度方法类似，其目标函数是找出对应 $SE_{\frac{1}{2}}/SES_{\frac{1}{2}}$ 负熵值最大的那组中心频率 f 和窗口长度 Δf。Average Infogram 谱可以通过基于 STFT 和滤波器组两种方法建立二维图谱来直观展示不同中心频率和窗口长度对应的平均平方包络和平方包络谱负熵值，由此可以识别滚动轴承的局部故障产生的共振频带。当最大相关峭度解卷积滤波器个数 2^m 取不同的值时，可以构造出频率分辨率 Δf 不同的带通滤波器组，即 $(\Delta f)_m=2^{-m-1}F_s$，F_s 为分析信号的采样频率。由此，可以得到每个带宽对应复杂滤波信号的均值形式 $AVESE_{\frac{1}{2}}/SES_{\frac{1}{2}}$ 负熵，并将 $AVESE_{\frac{1}{2}}/SES_{\frac{1}{2}}$ 负熵值放入图 4-5 所示的对应网格中即可得到“Average Infogram”谱。由此，可以利用“SE Infogram”确定信号中冲击性成分对应的频带，利用“SES Infogram”确定循环平稳性成分对应的频带，并通过“Average Infogram”来综合冲击性和循环平稳性对应频带的信息。

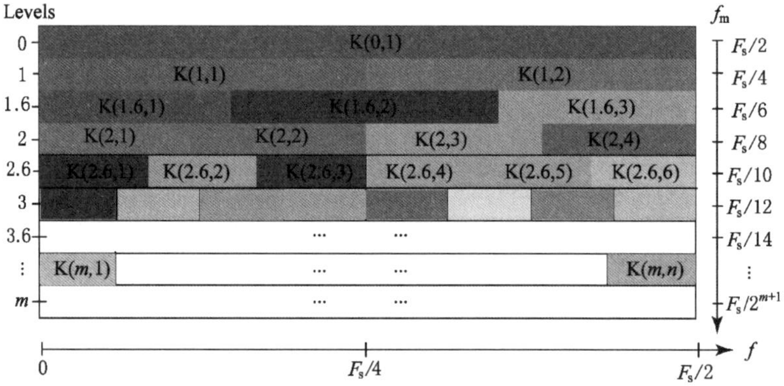

图 4-5 快速谱峭度图

对于非平稳过程中的瞬时特征，其负熵值很大程度上依赖于频率分辨率的选择。过宽或过窄的频带都不利于特征的提取。因此先将频带带宽按合理的比率细分，然后分别计算每个带宽对应滤波信号的 $SE_{\frac{1}{2}}/SES_{\frac{1}{2}}$ 负熵值，并采用二叉树和 1/3 叉树的结构进行低通与高通的滤波。该方法对脉冲变化非常灵敏，并具有良好的噪声抑制能力。采用 Average Infogram 谱来分析被预处理后的高频带信号，通过识别减速器系统的结构共振频带来定位系统的轴承冲击型复合故障。

4.2.4　仿真信号分析

基于第 3 章齿轮故障信号，并结合 Antoni 所提轴承局部故障的模型，设计减速器复合故障的仿真信号，如式(4-18)所示。系统复合故障振动信号由齿轮故障 $x_{\text{gear}}(t)$ 和滚动轴承故障 $x_{\text{bear}}(t)$ 及噪声 $n(t)$ 构成。通过以上建立的较为理想的仿真信号来验证上述所提故障监测和诊断方法的有效性。

仿真信号的采样频率 10 240 Hz，采样点数为 10 240，设定滚动轴承内圈、外圈故障特征频率分别为 62 Hz、34 Hz。采样输入齿轮转速为 450 r/min，主动轮、从动轮转频分别为 $f_g = 30$ Hz、$f_p = 11$ Hz。图 4-6(a)所示是输出齿轮局部故障的仿真信号，图 4-6(b)所示是轴承外圈故障的仿真信号。图 4-7 所示是无噪声的时域波形和包络图。由图 4-7 可以看出周期性故障特征频率。图 4-8 所示是加噪后的局部故障的仿真信号。由图 4-8 可以看出，故障特征完全被噪声所掩盖，无法从中辨识出相关特征信息。

$$x(t) = x_{\text{gear}}(t) + x_{\text{bear}}(t) + n(t) \tag{4-21}$$

$$\begin{cases} x_{\text{gear}}(t) = x_1(t) + x_2(t) + n(t) \\ x_1(t) = A_1(1 + a_1(t))\cos(2\pi n f_z + b_1(t) + \varphi_1) + \\ \qquad A_2(1 + a_2(t))\cos(2\pi n f_z + b_2(t) + \varphi_2) + \\ \qquad B\cos(2\pi n f_n + \varphi_n) + C\cos(2\pi n f_m + \varphi_n) \\ x_2(t) = \sum_{m=1}^{M_k} A_m s(t - T_m - \tau_m) \cdot f_{\text{im}}(t - T_m) \\ \qquad = \sum_{m=1}^{M_k} A_m e^{-\gamma(t - T_m - \tau_m)} \sin(2\pi f_n(t - T_m - \tau_m)) \cdot f_{\text{im}}(t - T_m) \end{cases} \tag{4-22}$$

$$\begin{cases} x_{\text{bear}}(t) = \sum_i A_i s(t - iT - \tau_i) + n(t) \\ s(t) = e^{-\gamma t} \sin 2\pi f_{\text{b,n}} t \\ A_i = \cos(2\pi f_A t + \varphi_A) + C_A + n_1(t) \end{cases} \tag{4-23}$$

根据 4.3.1 节原始信号处理流程中对高频分量处理方案可知，首先将仿

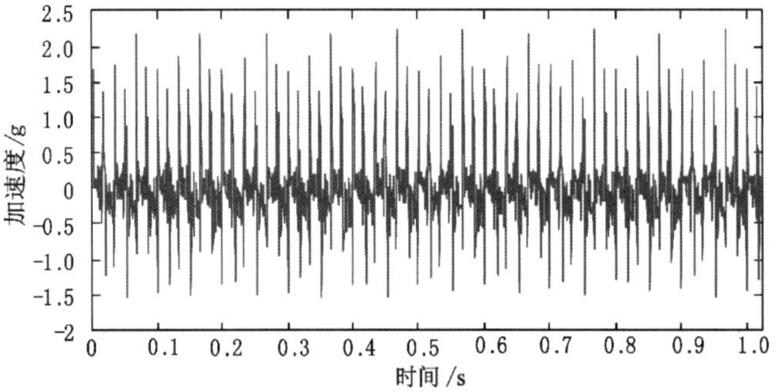

(a) 输出齿轮局部故障

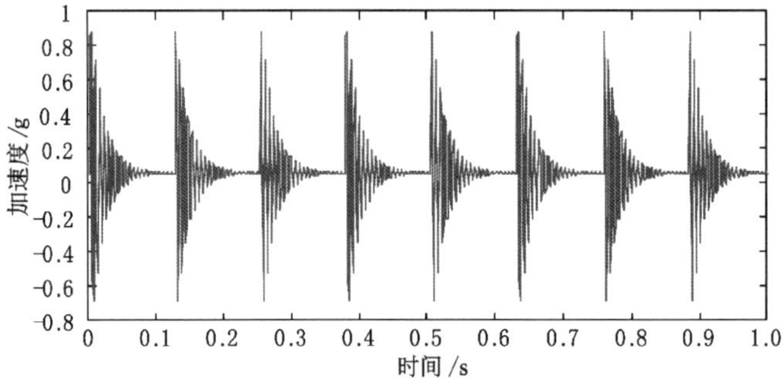

(b) 轴承外圈故障

图 4-6　复合故障仿真信号

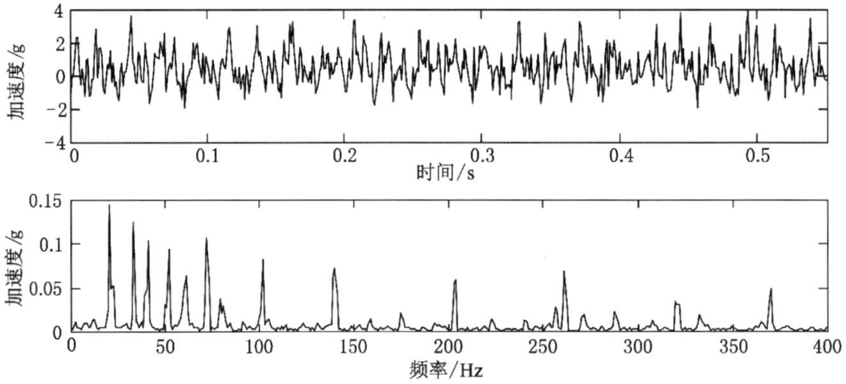

图 4-7　复合故障仿真信号的时域及包络谱图(无噪)

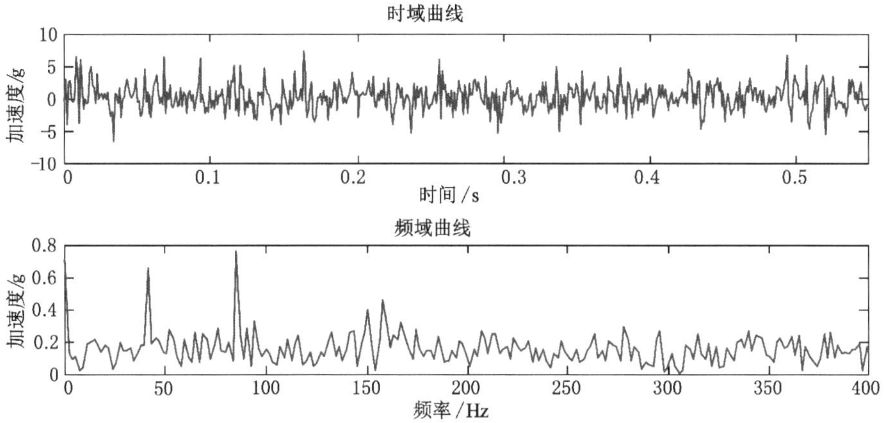

图 4-8　复合故障仿真信号的时域及包络谱图(加噪)

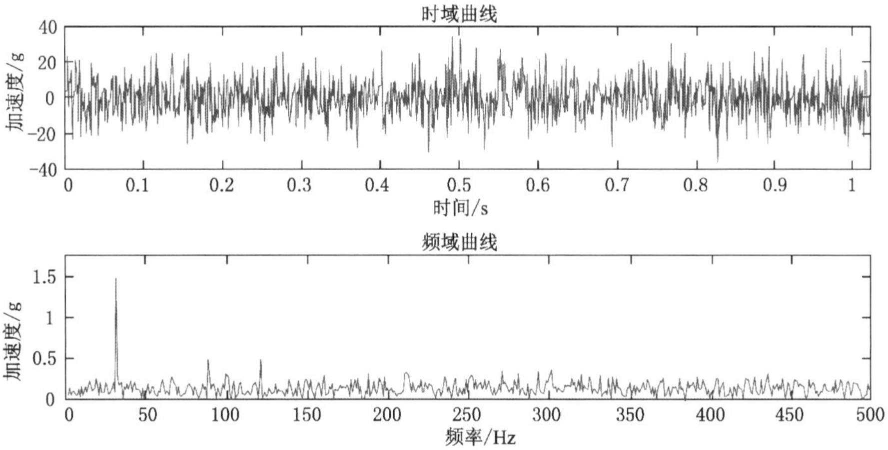

图 4-9　经 CMF 分解后的高频分量 c_h 时域及包络图

真信号按照第 3 章方法进行 CMF 分解后得到 c_h 分量信号。图 4-8 所示为经 CMF 分解后的高频共振分量。进一步根据提出的基于周期性故障冲击特征相匹配的自适应 MCKD 滤波器组的方案,以最大相关峭度作为指标构建滤波器组,获得感兴趣的周期性冲击相匹配的振动信号。在充分考虑准确率和运算效率的基础上,经过人工鱼群算法寻优,获得 MCKD 滤波器组的两个最优参数(即最佳滤波器长度 L^* 和移位数 M^*)分别为 116 和 5。之后利用公式 $T^*=f_s/f^*$ 计算轴承故障特征频率,得出最佳周期分别为 $T_o=f_s/f_o=10\ 240/34=300$ s,$T_i=f_s/f_i=10\ 240/62=164$ s。通过以上参数构建

MCKD 滤波器组,对不同故障冲击成分进行 MCKD 滤波预处理获得感兴趣频带。图 4-10分别为经 MCKD 滤波处理图。再分别对处理后的高频共振带分量进行 Average Infogram 谱分析,分别得到 Average Infogram 谱图。由图 4-11可知,两组最佳共振频带分别为 160 Hz,416.7 Hz。再分别对最佳频带区域进行滤波,将信号中可能的故障冲击成分经包络解调分离出来。最终进行信号分解频率的构成成分。由图 4-12(a)可见,经以内圈参数设置的滤波器滤波后,时域图中周期性冲击信号突显出来,该信号周期为内圈故障周期 $T_n=1/f_i=0.016$ s。由图 4-12(b)可见,内圈故障频率及其倍频 f_i、$2f_i$、$3f_i$ 成分被成功解调出来,而经外圈参数的滤波器滤波后的信号中未见明显周期成分,如图 4-13 所示。最终诊断该系统的故障类型为轴承内圈故障。

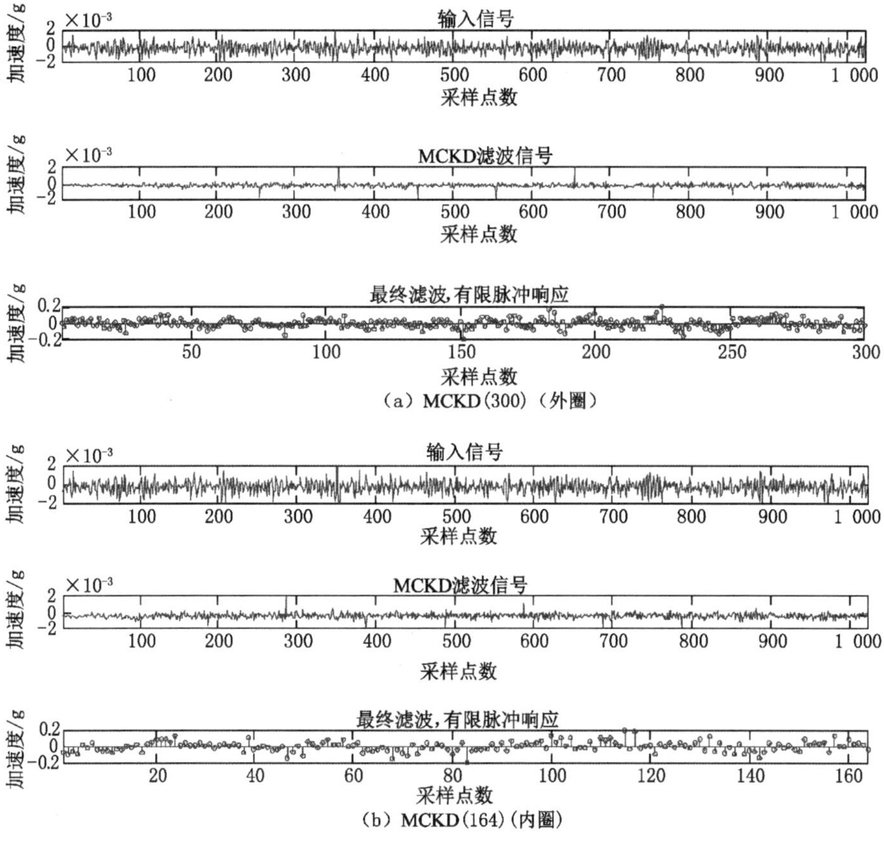

(a) MCKD(300)(外圈)

(b) MCKD(164)(内圈)

图 4-10　分别为经 MCKD 滤波处理图

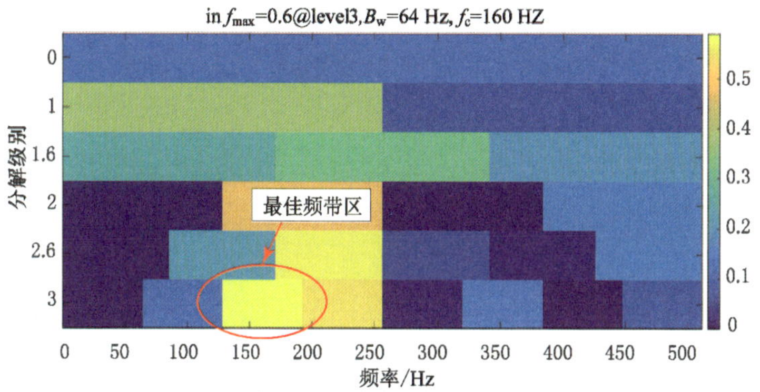

（a）内圈MCKD滤波后的Average Infogram谱图

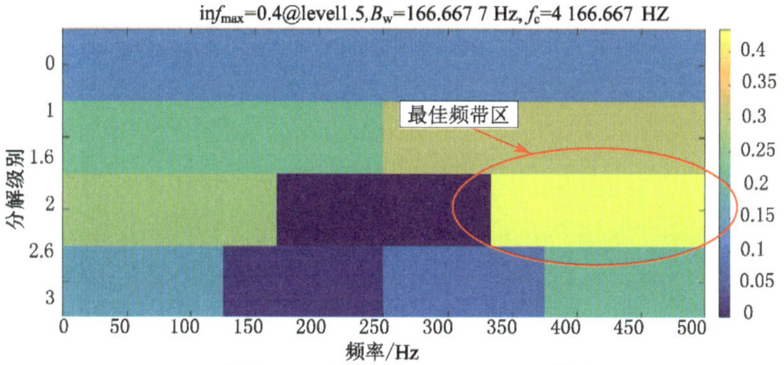

（b）外圈MCKD滤波后的Average Infogram谱图

图 4-11　最佳共振频带

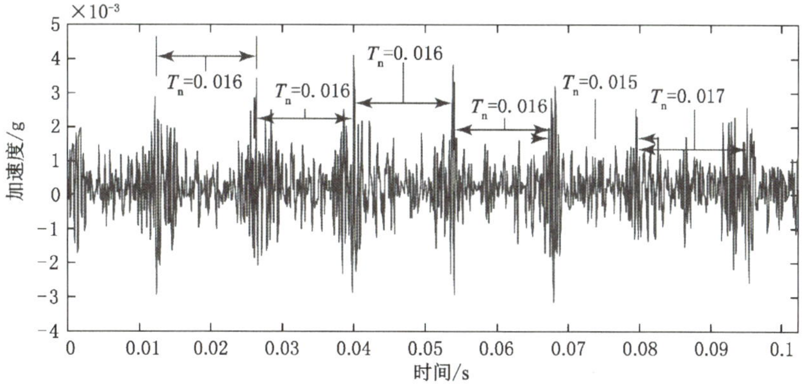

（a）时域波形

图 4-12　最佳频带滤波后信号(外圈)

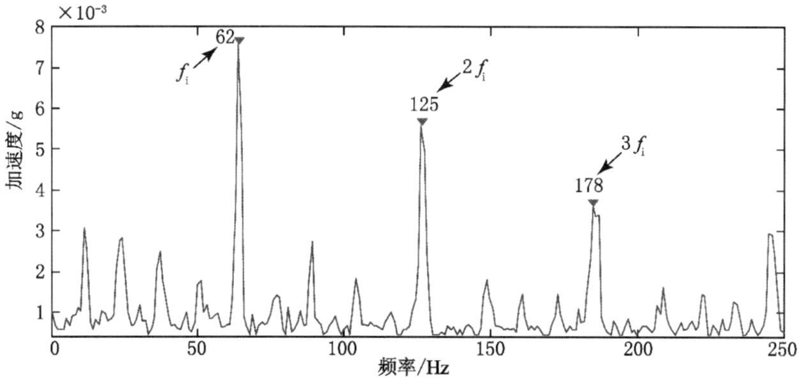

（b）包络图

图 4-12(续)

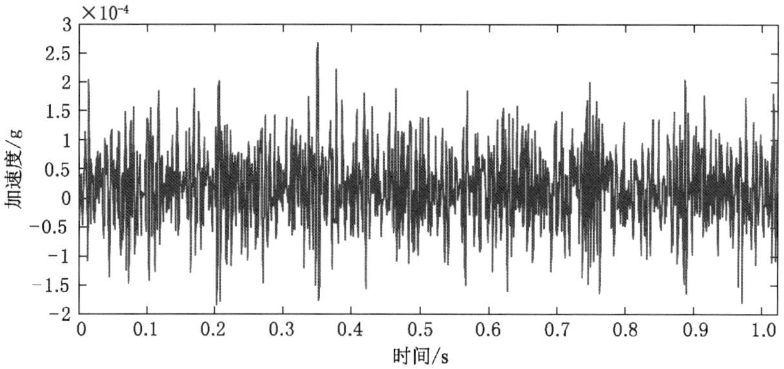

（a）时域波形

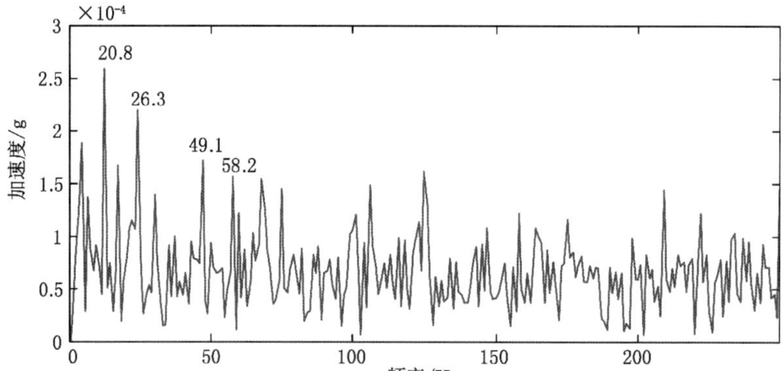

（b）包络图

图 4-13　最佳频带滤波后信号的时域波形及包络图(内圈)

4.3 复合故障试验分析

4.3.1 复合故障试验台

通过人工故障试验测试进一步验证所提出的复合故障诊断方法的性能和效果。分别设计三种齿轮系统的复合故障分析，分别是局部缺陷出现在轴承的外圈和齿轮裂纹，轴承内圈和齿轮裂纹以及滚动体和齿轮裂纹三种故障。相应的复合故障试验台试验如图 4-14 所示。试验复合故障由轴承和齿轮两种被测对象组成，每组按照缺陷类型分为无故障和故障两大类，每个试验对象按照负载情况分为无负载和带负载情况，同时测量分为定转速和变转速两种情况，且可分为多组。

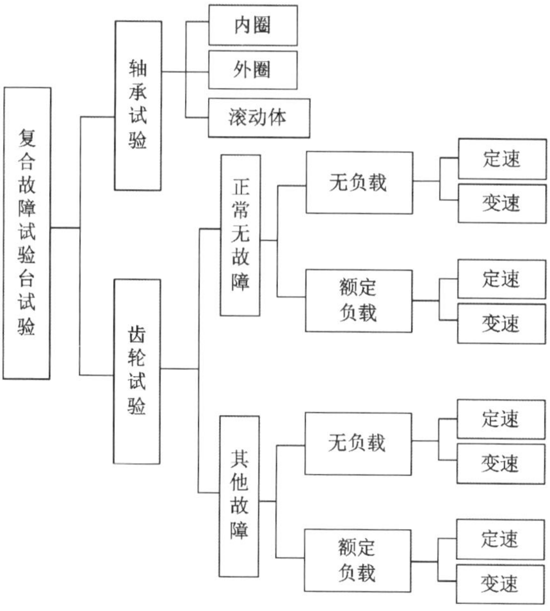

图 4-14 复合故障试验台试验

试验台所研究的测试轴承和齿轮箱如图 4-15 所示。试验裂纹故障齿轮安装在从动轮一侧，故障轴承(深沟球轴承 6206)安装在从动故障齿轮的输出侧。并通过联轴器和磁粉制动器连接。4 个加速度传感器分别被安装在齿轮箱输入、输出轴端盖和齿轮箱上方的 4 个位置。为了模拟减速器复合故障，采用人工故障加工方式分别制造齿轮和轴承的局部性故障。采用电火花技术分别在轴承内外圈滚道和滚动体上加工不同尺度的故障，如图 4-16 所示。数据采集系统通过加速度传感器采集不同转速和负载下的齿轮箱系统振动信号，具体试验步骤与 3.5 节的一致。

图 4-15　裂纹与轴承复合故障齿轮箱

图 4-16　轴承故障

滚动轴承的基本结构包括外圈、内圈、滚动体、保持架等元件。假设滚动轴承中的滚动体和内外圈表面间的接触方式为纯滚动接触。通过表 4-1 滚动轴承的结构参数可以计算出该轴承各个部位缺陷的故障特征频率。滚动轴承结构参数如表 4-1 所示。

表 4-1　滚动轴承结构参数

型号	外径 /mm	内径 /mm	厚度 /mm	滚珠数 /个	节径 /mm	滚珠直径 /mm	接触角 /(°)
6206	62	30	16	9	46.5	9.5	0

设轴承外圈固定，内圈（即轴）的旋转频率为 f_s，轴的转速为 n，轴承节径为 D，滚动体直径为 d，接触角为 φ，滚动体个数为 z。假定滚动体与内外圈之间为纯滚动接触，则滚动轴承的特征频率计算公式如下：

内圈（即轴）旋转频率：

$$f_s = \frac{n}{60}$$

外环故障频率为：

$$f_o = \frac{z}{2}\left(1 - \frac{d}{D}\cos\varphi\right) \times f_s$$

内环故障频率为：

$$f_i = \frac{z}{2}\left(1 + \frac{d}{D}\cos\varphi\right) \times f_s$$

滚珠故障频率为：

$$f_b = \frac{D}{d}\left[1 - \left(\frac{d}{D}\right)^2 \cos^2\varphi\right] \times f_s$$

本试验平台提供检测的轴承为深沟球轴承 6206（其数量为 4 只，其中 3 只为故障轴承，分别代表外圈缺陷、内圈缺陷、滚珠缺陷）。根据提升机减速器工况，设定轴转速为 450 r/min。小齿轮为主动轮。根据轴承的基本尺寸，计算出所测轴承的特征频率，如表 4-2 所示。

表 4-2　测试滚动轴承理论故障频率

型号	f_s/Hz	f_o/Hz	f_i/Hz	f_b/Hz
6206	5.5	19.7	29.8	25.8

f_s 为轴承 6206 的输出轴转频，经计算当输入轴转速为 450 r/min 时，对应输出轴转频 f_s 为 5.5 Hz。

4.3.2　复合故障试验分析验证

人为制造齿轮和轴承复合故障，其中选取在额定 5 N·m 负载，匀速 450 r/min工况下的时域信号及频域波形如图 4-17 所示。从动轮裂纹加内圈轴承 6206（1 mm 裂纹）的复合故障信号进行分析，根据表 4-1 和表 3-1 分别计算齿轮理论故障特征频率为从动轮转频 f_p 为 5.5Hz，轴承 6206 理论内圈故障频率 29.8 Hz。由于齿轮和轴承同时发生局部故障，两种故障相互混叠很难分离，如果依然采用传统分析方法很难检测出这些故障。

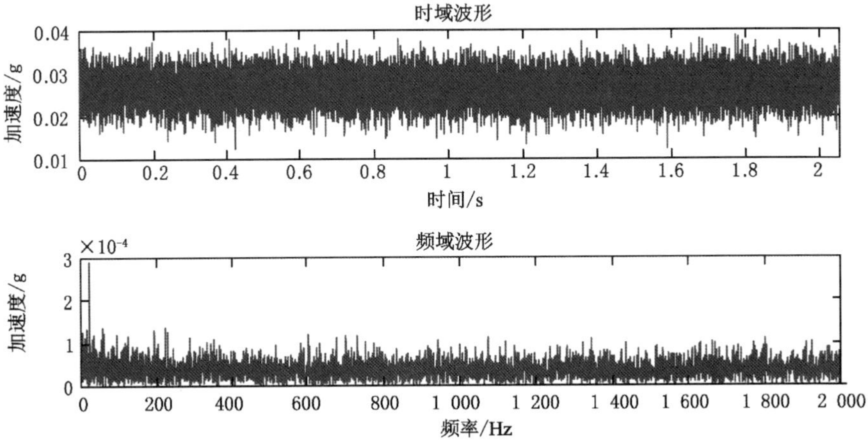

图 4-17　匀速 450 r/min 工况下的时域信号及频域波形

将试验台采集到的复合故障振动信号进行 CMF 分解。根据高低频带选取条件，以啮合频率 2 倍频为高低频划分界限，将经 EMD 分解后的各敏感 IMFs 分量进行高频与低频的划分，即形成 c_h 和 c_l 分量，其相应的时域曲线如图 4-18 所示。由图 4-18 可以看出，杂乱干扰频率成分较多，特征频率成分不突出也不清晰。

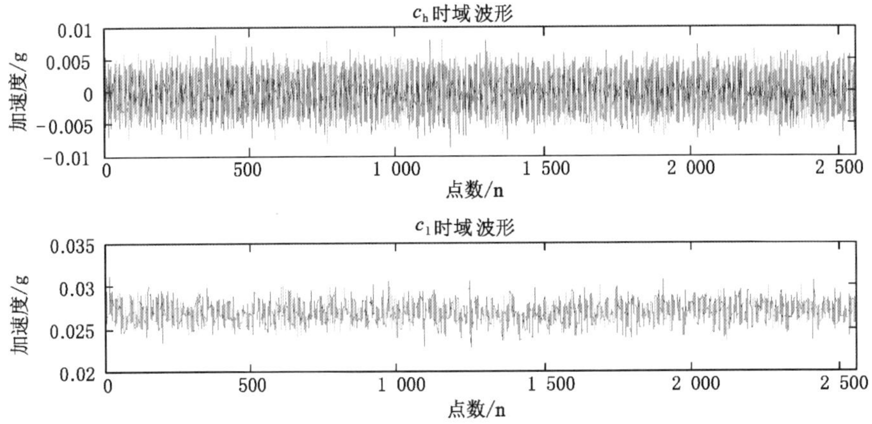

图 4-18　高低频分解后时域

根据分频融合故障诊断流程对原始振动信号进行分析。对低频分量 c_l 进行故障特征提取。应用 MCKD 方法对 c_l 进行降噪预处理。故障齿轮所在轴的转频为 5.5 Hz。在最大相关峭度解卷积降噪处理时，采样频率 f_s 为

12 000 Hz,采样点数为 12 000。MCKD 选取的周期参数为齿轮轴转频周期 $T_o = f_s / f_p = 12\ 000/5.5 = 2\ 182$ s。其他两个参数通过人工鱼群算法寻优得到滤波器长度 L^* 为 405,移位数 M^* 为 5。经滤波降噪得到输出信号如图 4-19所示。与原低频带振动信号时域波形(图 4-19)相比,冲击成分相对突显出来。滤波后的信号幅值突出的频率成分较降噪前明显。

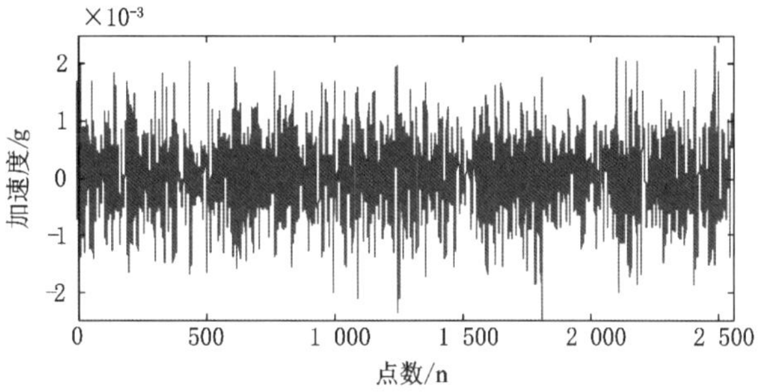

图 4-19　MCKD 降噪后 c_1 时域信号

对降噪后的信号采用 CELMD 分解,其结果如图 4-20 所示。对分解的参数进行配置。噪声标准差 N_{std} 为 0.5,集合次数 NE 为 100。经 CELMD 分解后得到 8 个 PF 敏感分量。对各 PF 分量进行多尺度排列熵运算,其结果如图 4-21所示。将各尺度对应 PF 分量的排列熵求均值,其结果如图 4-22 所示。

由图 4-22 可以看出,经 MCKD 降噪后,前三项排列熵值的区分度有了明显提高,敏感成分突出,前三项排列熵值分别为0.886 5、0.553 6、0.132 8。据此可认为前 3 个 PF 分量包含主要的故障信息,因此对低频带信号进行重构,得到处理后的信号的频谱如图 4-23 所示。并对低频段求包络图,其结果如图 4-24所示。幅值突出的频率成分明显显现出来,并且与局部裂纹故障输出齿轮一倍转频 f_p、$2f_p$、$3f_p$、$4f_p$ 及 $6f_p$ 相吻合,因此可以推断是输出轴齿轮存在故障,与实际相符,但此方法处理的信号中并未发现明显的轴承故障频率。由此分析说明对低频带振动信号先进行最大相关峭度降噪处理后,抑制了信号中的噪声干扰,增强信号中的微弱冲击故障特征,同时结合排列熵方法,提取包含主要故障特征的 PF 分量进行有针对性的分析,可以提高故障特征提取的效果。

对图 4-18 经 CMF 分解后的高共振分量 c_h 进行分析。首先,针对复合故障中的轴承造成的冲击信号成分,采用自适应 MCKD 滤波器组对共振带信号进行滤波预处理,利用不同冲击信号成分特征进行 MCKD 逆滤波运算,将故

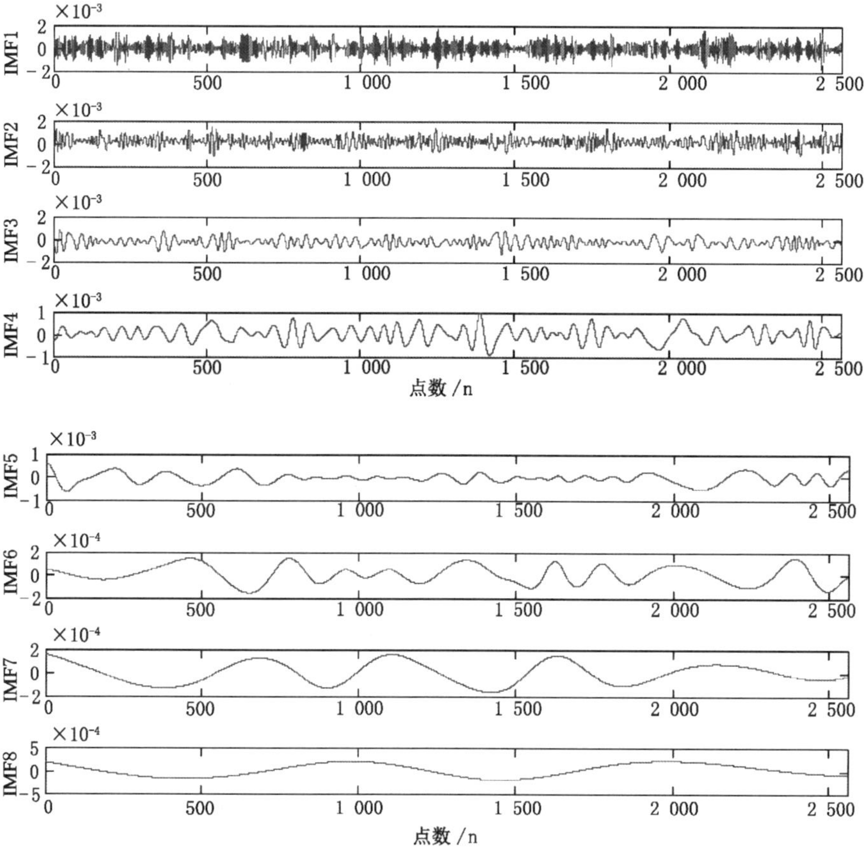

图 4-20　MCKD 降噪后 CELMD 分解各 PF

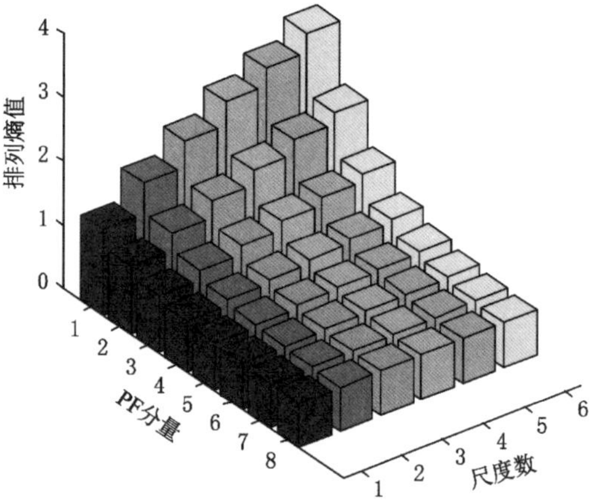

图 4-21　各 PF 多尺度排列熵柱状

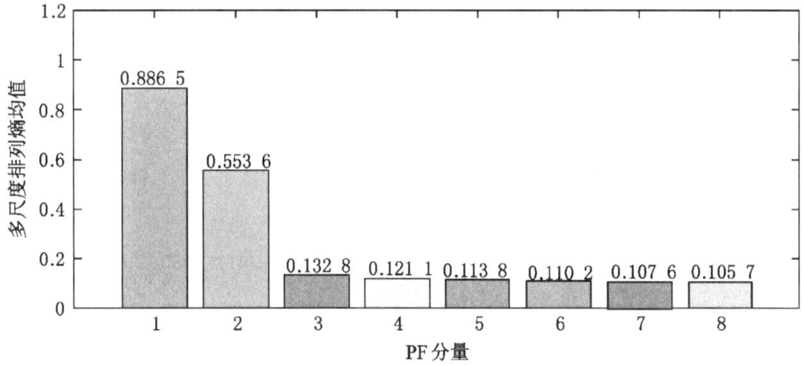

图 4-22　PF 多尺度排列熵平均值

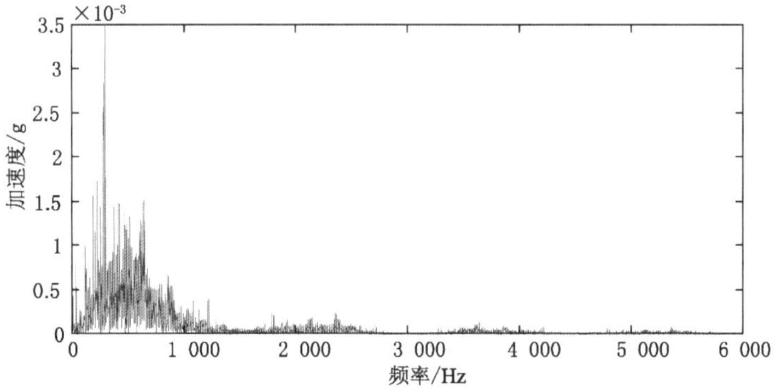

图 4-23　降噪后频谱

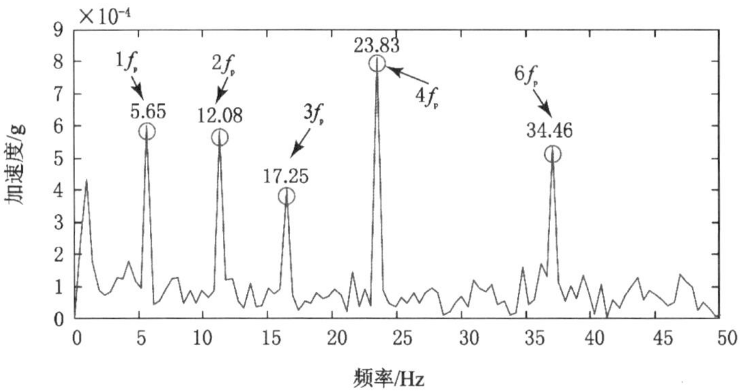

图 4-24　降噪后包络图

障调制的共振带成分分离开。然后，对经 MCKD 滤波后的信号分别做 Infogram 分析，准确定位最佳共振频带，并包络分析共振频带频率构成，进而实现对故障成分的准确诊断。

根据表 4-2 滚动轴承不同故障理论特征频率参数，利用公式 $T^* = f_s/f^*$，计算该种类型故障的最大相关峭度解卷积滤波器组中对应滤波器的周期分别为 $T_o = f_s/f_o = 12\ 000/19.7 = 609$ s，$T_i = f_s/f_i = 12\ 000/29.8 = 402$ s，$T_b = f_s/f_b = 12\ 000/25.8 = 465$ s。采用周期 $T^* = f_s/f^*$ 以相关峭度最大化为设定目标，在[10,500]范围内利用人工鱼群算法搜索滤波器长度 L 和移位数 M 的最优值，最终确定最佳滤波器长度 L^* 为 167 和移位数 M^* 为 5。根据滤波器最佳参数构建的滤波器组周期分别设定滤波器参数，对共振频率带信号进行解卷积逆滤波处理。通过滤波可以将不同冲击成分的振动信号分离开来，得到一组不同故障类型下对应信号的时域波形。其中，图 4-25 是分别经过外圈、内圈、滚动体故障频率解卷积滤波后的时域信号。

进一步再分别对经过 MCKD 滤波器组滤波后的时域信号进行 Average Infogram 谱分析。采用 Infogram 谱分析得到的基于系统共振谱，如图 4-26 所示。由图 4-26 可以看出，系统的共振频率为 2 125 Hz、5 000 Hz、4 969 Hz。分别对指定最佳频带区域进行滤波运算，将信号中可能的故障冲击成分经包络解调分离出来。最终进行信号分析频率的构成成分。

由图 4-26 可知，对应轴承 3 种故障类型的最佳共振频率分别为2 125 Hz、5 000 Hz、4 969 Hz。对获得的最佳频带区域进行滤波处理，通过包络解调分析剥离信号中的故障冲击信号成分，其结果如图 4-27 所示。

由表 4-2 可知，滚动轴承内圈故障时理论计算频率 f_i 为 29.8 Hz。由图 4-27 (a)可知，滚动轴承内圈故障的突出频率分别为 29.5 Hz、58.6 Hz、88.3 Hz、121.2 Hz、152.9 Hz、210.2 Hz；对比理论计算频率可知，轴承内圈故障及其倍频 f_i、$2f_i$、$3f_i$、$4f_i$、较弱的 $5f_i$和 $7f_i$成分被提取出来，因此最终诊断故障类型为轴承内圈故障。由图 4-27(b)和图 4-27(c)可以看出，外圈故障的突出频率分别为 26.6 Hz、83.7 Hz、140.1 Hz、203.4 Hz、261.0 Hz；滚动体故障的突出频率分别为 23.6 Hz、40.2 Hz、56.9 Hz、76.7 Hz。而以外圈故障时理论计算频率为 f_o 为 19.7 Hz、滚动体故障时理论计算频率为 f_b 为 25.8 Hz 设计的滤波器组进行滤波，再进行 Infogram 谱分析，并对所显示的共振频带做包络谱分析。在经滚动体频率滤波器组滤波后的包络谱中，等间距的脉冲频率分量出现，但与滚动体故障时理论特征频率并不相符，因此未得到轴承外圈、滚动体均对应的故障频率特征成分。由此可以说明原始故障冲击成分不

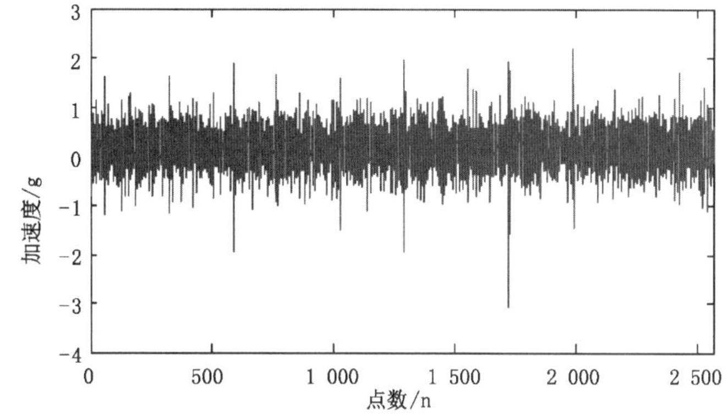

(a) 内圈MCKD(402)

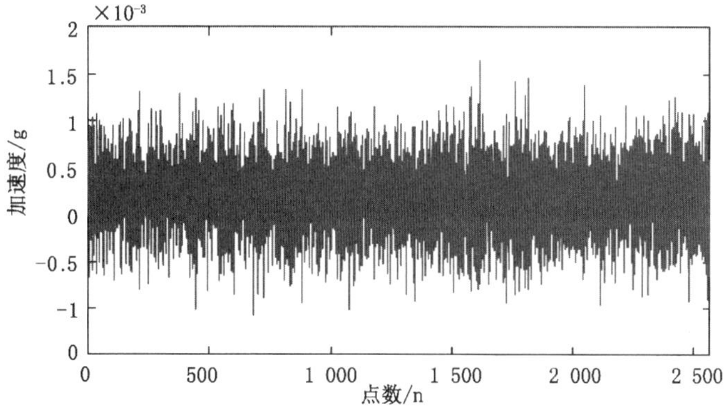

(b) 外圈MCKD(609)

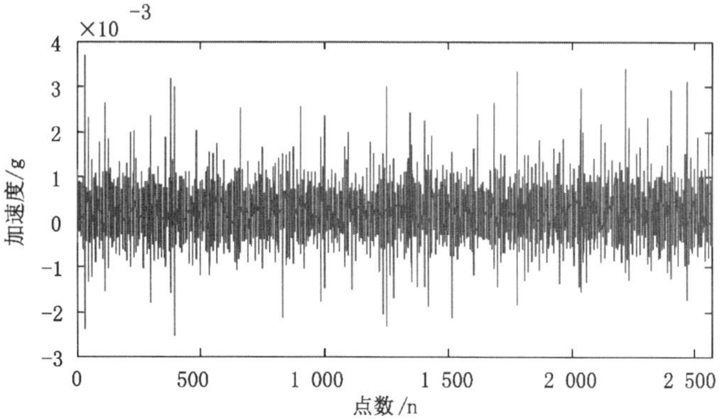

(c) 滚动体MCKD(465)

图 4-25　MCKD 后的时域波形

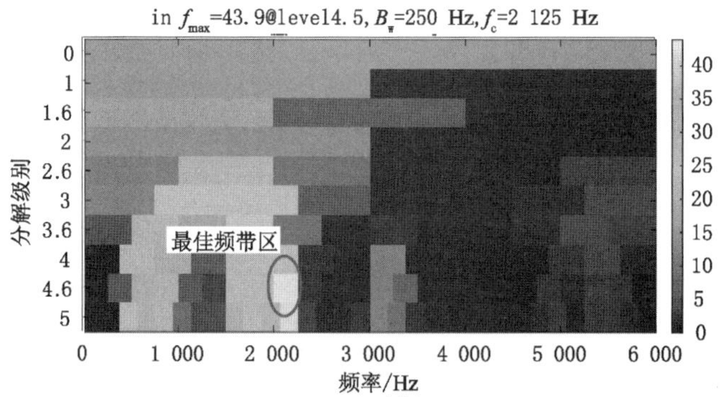

(a) 内圈

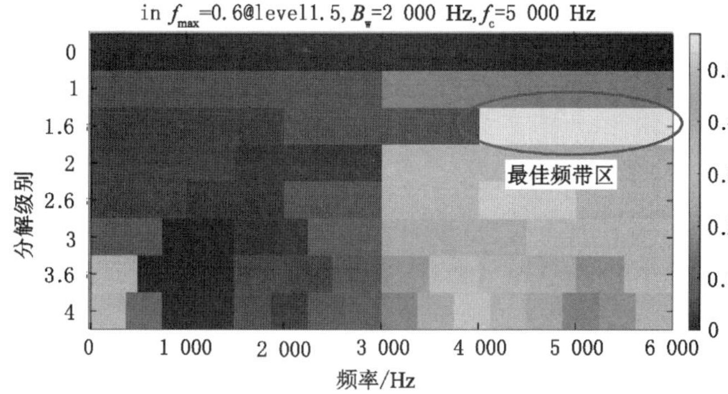

(b) 外圈

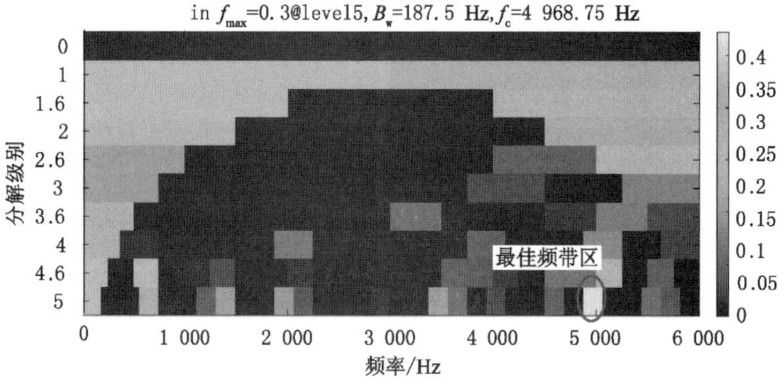

(c) 液动体

图 4-26 Infogram 谱图

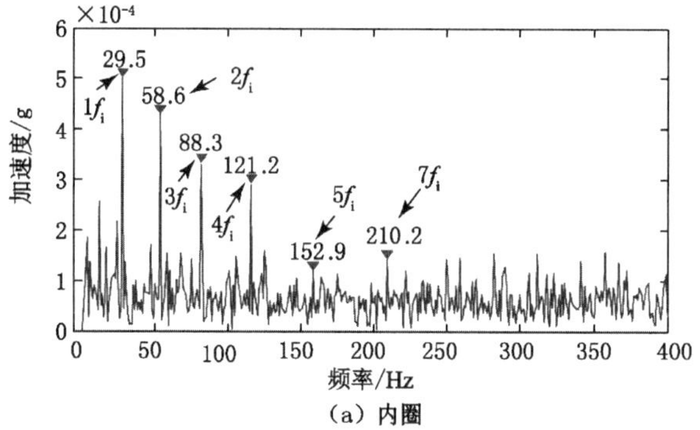

（a）内圈

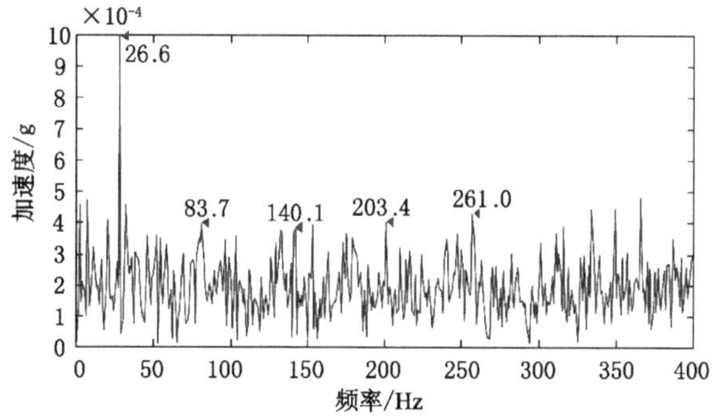

（b）外圈

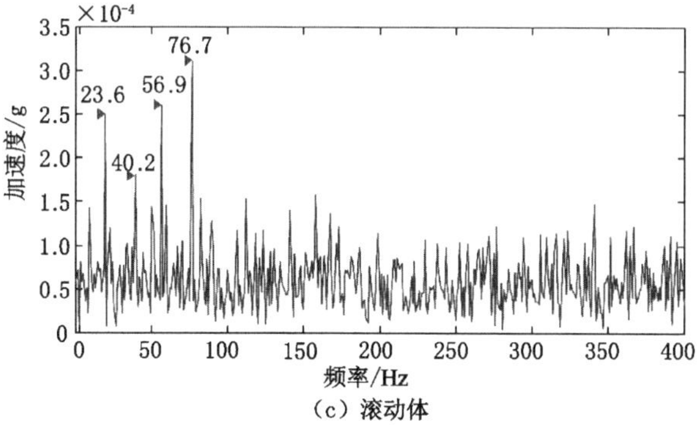

（c）滚动体

图 4-27　最佳频带滤波后信号的包络谱

包括外圈和滚动体故障成分。综合上述分析可以得出,该复合故障的周期性冲击成分为内圈故障。因此可见以 MCKD 滤波器组为预处理措施能够有效分离复合故障中的轴承故障成分,避免 Infogram 类算法在共振解调预处理中,因频带信息选择不全而造成的漏诊和误诊。

4.4 基于 DET 和 mRMR 多测点信息敏感特征选择

要实现减速器故障的准确诊断,需要将每个传感器采集的振动信号进行信息融合。故障诊断具体流程如图 4-28 所示。首先进行样本划分,在每个样本中提取时域及频域振动特征,组成总特征集。然后通过 DET 和 mRMR 二阶算法对总特征集中的所有特征进行操作,实现总特征集中不相关和冗余特征的剔除,得到对故障区分度较为敏感的子特征集。最后基于归一化、特征计权和 k-均值聚类方法实现子特征集的故障类别识别。

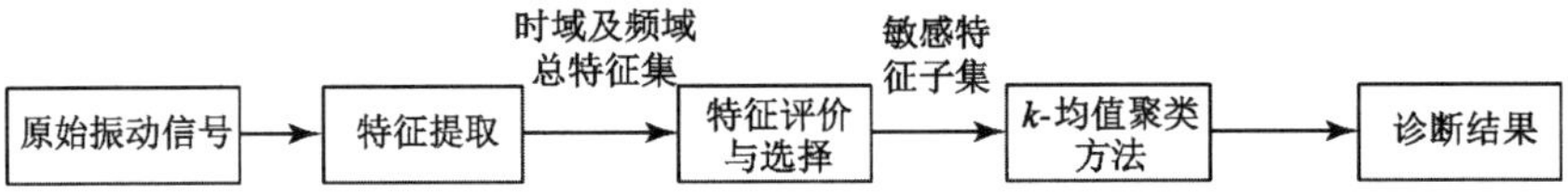

图 4-28 故障诊断流程

在应用距离评价技术分析振动特征与故障类型之间相关度的基础上,进一步结合最大相关最小冗余方法考虑特征之间的冗余度,从原始特征集中挖掘出对故障更为敏感且包含较少无关和冗余信息的特征子集,用于后续的故障模式识别。

4.4.1 距离评价技术

采用距离评价技术(distance evaluation technique,DET)时,特征的敏感程度由其在不同状态之间的类间距离和类内距离决定。类间距离反映了特征对不同状态的区分能力,类内距离则反映了特征在同一状态内的聚集性。从原始特征集中选出较小的类内距离和较大的类间距离才是最优的特征集,即选择大于一定阈值所对应的特征以构成最优特征集。

假设在故障诊断中一个原始特征集如下:

$$\{q_{i,k,j}, i=1,2,\cdots,I_k; k=1,2,\cdots,K; j=1,2,\cdots,J_i\} \tag{4-24}$$

式中 $q_{i,k,j}$——k 类健康状态下第 i 个样本中的第 j 个特征;

K_i——总的健康状态数目;

I_k——每个健康状态下样本总数；

J_i——每个样本中特征集的特征个数。

距离评价法步骤如下：

① 计算第 k 类状态第 j 个特征的距离。特征样本的类内距离为：

$$d_{k,j}=\frac{1}{I_k(I_k-1)}\sum_{i,l=1}^{I_k}\left|q_{i,k,j}-q_{l,k,j}\right|,\quad i,l=1,2,\cdots,I_k,i\neq l \tag{4-25}$$

第 K_i 个状态下的平均类内距离为：

$$d_j^{(w)}=\frac{1}{K}\sum_{k=1}^{K}d_{k,j} \tag{4-26}$$

② 第 k 类状态下第 j 个特征的样本间的平均类间距离为：

$$u_{k,j}=\frac{1}{I_k}\sum_{i=1}^{I_k}q_{i,k,j} \tag{4-27}$$

不同类之间第 j 个特征的样本平均类间距离：

$$d_j^{(b)}=\frac{1}{K_i(K_i-1)}\sum_{e,k=1}^{K_i}\left|u_{e,j}-u_{k,j}\right|,\quad e,k=1,2,\cdots,K,i=e\neq k \tag{4-28}$$

③ 计算类间距离 $d_j^{(b)}$ 和类内距离 $d_j^{(w)}$ 的比。距离评估因子为：

$$\alpha_j=d_j^{(b)}/d_j^{(w)} \tag{4-29}$$

α_j 越大代表对应的特征能够更好地区分不同的健康状态。可以根据距离评估因子从大到小的顺序从原始特征集中筛选出对故障更为敏感的特征。因此，首先计算每一个特征的距离指标，并设定合理的阈值，最后在总特征集中挑选出敏感的子特征集。

4.4.2　最大相关最小冗余技术

距离评价技术只考虑特征对分类的贡献度，但没有考虑特征之间的冗余问题，容易造成分类算法效率低，增大计算负担等。在采用距离评价技术对所有特征进行故障敏感程度评价的基础上，还需要研究如何将距离评价技术与其他特征选择方法相结合，在不相关、不敏感特征剔除的前提下，实现每个独立的敏感特征间的相关性最大和冗余度最小，最终实现最优容量敏感特征子集的挑选，以提高故障分类效率。进一步利用最大相关最小冗余（mRMR）算法筛选分析振动特征与故障特征之间的相关度、特征与特征之间的冗余度。mRMR 核心目标：所选择特征即要与目标函数高度相关，又要与已选特征集中的其他特征最小相关。

互信息量是定义变量相关性大小，作为衡量特征之间、特征与类别变量之间相关性的常用方法之一。nRMR 余利用最大化特征变量与目标之间相关性、最小化特征之间相关性的特征选择方法，则二者之间的互信息定义为：

$$I(x,y)=\sum_{i,j}p(x_i,y_j)\log\frac{p(x_i,y_j)}{p(x_i)p(y_j)} \tag{4-30}$$

式中 x,y——随机变量；

$p(x),p(y)$——相应概率密度；

$p(x,y)$——联合概率密度。

最大相关性以 $I(x_i,c)$ 的适当顺序搜索出与目标分类 c 相关性最大的特征子集 S。如果待选特征不能表征新的未表示过的目标信息，就不被选入特征集。相关性定义为：

$$\max \quad D(S,c) \quad D=\frac{1}{|S|}\sum_{xcS}I(x_i,c) \tag{4-31}$$

其中，$|S|$ 为特征子 S 集中特征个数，D 表示特征子集 S 中各特征 x_i 与样本类别 c 之间互信息的均值，表征两者之间的相关度。然而，搜索得出的 S 特征子集仅仅通过最大相关准则把总特征集中那些与故障不相关的特征进行移除，若特征子集中两个特征高度相互依赖，其中一个就应该被删除，各自的判别力并不会发生太大变化却降低了计算量、提高计算效率。因此在最大相关准则的基础上，引入最小冗余准则来消除特征之间的冗余性并选择互斥特征，如式(4-32)所示。

$$\min \quad R(S) \quad R=\frac{1}{|S|^2}\sum_{x_i,x_j\in S}I(x_i,x_j) \quad (i\neq j) \tag{4-32}$$

采用加法整合最大相关系数和最小冗余度，得到 mRMR 算法准则为：

$$\max \quad \varphi(D,R) \quad \varphi=D-R \tag{4-33}$$

最终，结合 DET 和 mRMR 算法实现二阶子特征集选择，从原始特征集中挖掘出对故障更为敏感且包含较少无关和冗余信息的特征子集，用于后续的故障模式识别。

4.4.3 高低频带特征信号选取

众多学者已经提出多种不同类型的指标用于表征旋转机械设备的健康状态。其中时域和频域统计特征具有物理意义明确、计算简单及对设备运行状态敏感等优点，被广泛应用于旋转机械设备的故障诊断中。一旦机械设备出现故障，其时域信号的幅值、概率密度分布和频域信号的频谱成分及其能量都会发生变化。因此通过反应时域和频域信息的特征，全面准确地反应设备的健康状态。使用 15 个统计特征来表征减速器的健康状态，包括 11 个时域特征和 4 个频域特征。当设备存在故障时，振动信号的幅值和分布均有可能发生改变。因此，对这些时频域统计特征进行分析有助于识别出设备的健康状态。

故障诊断中统计特征集包括以下三个部分。

① 从布置在输入轴和输出轴两侧的振动传感器采集的原始振动信号中提取表 4-3 所示的 15 个统计特征量。共提取 15×2 个特征。这些特征反映振动信号原始的概貌。

表 4-3　时域和频域统计特征参量

特征参量名称	表达式	特征参量名称	表达式
平均值	$x_1=\frac{1}{N}\sum_{i=1}^{N}x_i$	绝对平均值	$x_2=\frac{1}{N}\sum_{i=1}^{N}\lvert x_i\rvert$
峰值	$x_3=\max(x_i)$	均方根值	$x_4=\sqrt{\frac{1}{N}\sum_{i=1}^{N}x_i^2}$
标准差	$x_5=\sqrt{\frac{1}{N}\sum_{i=1}^{N}(x_i-\bar{x})^2}$	峭度	$x_6=\frac{n\sum_{n=1}^{N}(x_i-\bar{x})^4}{(\sum_{n=1}^{N}(x_i-\bar{x})^2)^2}$
偏度	$x_7=\frac{\sum_{n=1}^{N}(x_i-\bar{x})^3}{n\left(\sqrt{\sum_{n=1}^{N}(x_i-\bar{x})}\right)^3}$	波形因子	$x_8=\frac{x_4}{x_2}$
波峰因子	$x_9=\frac{x_3}{x_4}$	变异系数	$x_{10}=\frac{x_5}{x_1}$
脉冲因子	$x_{11}=\frac{x_3}{x_2}$	均值频率	$x_{12}=\frac{\sum_{k=1}^{k}S(k)}{k}$
均方根频率	$x_{13}=\frac{\sum_{k=1}^{k}f_k^2S(k)}{\sum_{k=1}^{k}S(k)}$	中心频率	$x_{14}=\frac{\sum_{k=1}^{k}f_kS(k)}{\sum_{k=1}^{k}S(k)}$

表4-3(续)

特征参量名称	表达式	特征参量名称	表达式
频率方差	$x_{15}=\dfrac{\sum_{k=1}^{K}(f_k-x_{14})^2S(k)}{\sum_{k=1}^{K}S(k)}$		

注:频域特征是时域信号 $x(n)$经 FFT 变换后频谱中的频域和幅值计算统计量。x_i 为时域信号序列的第 i 个数据值,N 为样本点数,k 为谱线总数,$S(k)$为时域信号 $x(n)$的频谱;f_k 为第 k 根谱线的频率值。

② 为了更清楚地反应故障特征信息,将每一通道采集的原始振动信号经 CMF 分解滤波。选择包含主要故障特征信息的低频啮合带、高频共振带信号进行滤波、解调处理,以便能够有效地消除信号中的干扰成分并突出故障特征信息。加速度传感器分别安装在减速器输入轴和输出轴上方,分别用于采集输入轴和输出轴的振动信号。共有两个信号采集通道。每个通道经信号处理分解为 2 个频带,每个频带提取 15 个特征,因此每个样本共提取 15×2×2 个特征。

③ 每个样本中提供 90 个特征以组成原始特征集。

运用提出的 DET 和 mRMR 相结合的二阶特征选择方法,从原始特征集中选出与故障密切相关的敏感特征子集,减轻计算压力,避免维数灾难。DET 用于评价某个特征对故障模式的敏感程度和区分能力,mRMR 进一步考虑特征之间的相关性和冗余性,这两种方法表现出互补的特性。结合这两种方法对原始特征集中所有特征的优先次序进行评估。

4.4.4 减速器故障智能诊断流程

多测点特征层信息融合的故障诊断方法的过程,如图 4-29 所示。该方法基于 DET 方法和最大相关最小冗余(mRMR)的故障特征提取和分类算法流程。在每个样本中对原始振动信号处理后的高频共振带和低频啮合带信号中的时域、频域特征以及对原始信号直接提取相关性特征,组成总特征集。从原始特征总集中选出一组既与目标变量最大相关,又相互互补的最佳特征子集。最终实现总特征集中的不相关特征和冗余特征的剔除,得到对故障区分度较为敏感的子特征集。再经归一化、权重和 k-均值聚类方法,实现子特征集的类别区分。

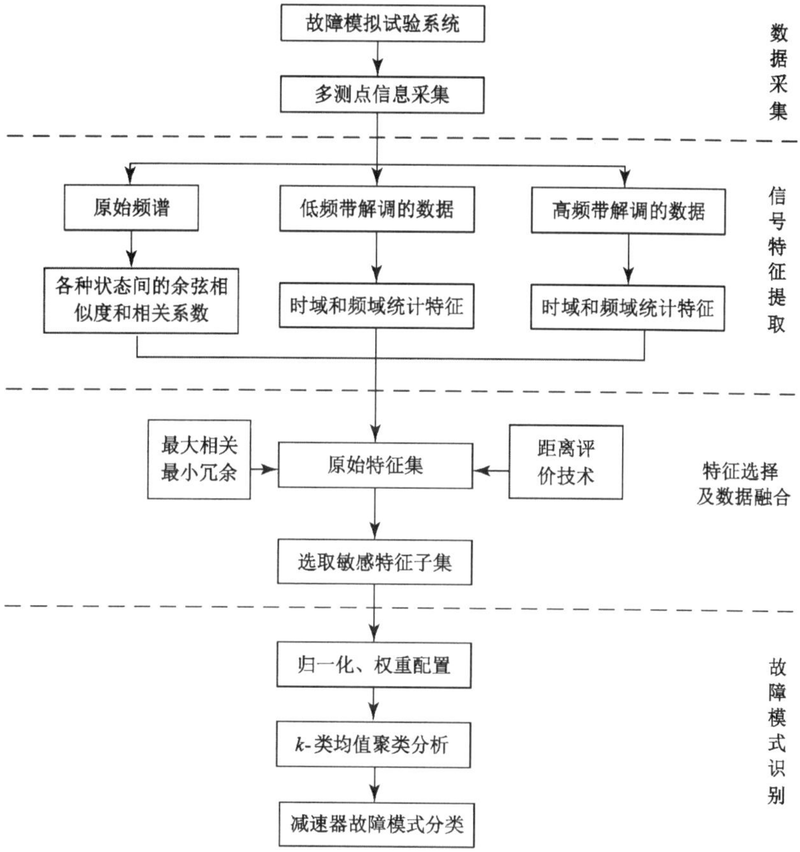

图 4-29　故障特征层信息分类的智能诊断流程图

(1) 样本划分

通过样本划分,将振动信号分为若干个样本。本试验模拟了正常状态和 3 种故障状态,从每种状态整理出 1 000 个振动信号哦样本,因此样本总集共包含 4 000 个样本。每个样本中有 2 通道的振动信号和 1 通道的转速信号。

(2) 归一化和加权

在分类之前,需对所有的特征进行归一化操作。

$$nF_j = \frac{F_j - \overline{F_j}}{\sqrt{\frac{1}{N}\sum_{i=1}^{N}[F_j(i) - \overline{F_j}]^2}}, j = 1,2,\cdots,J \tag{4-34}$$

式中　F_j——待归一化特征向量;

J——向量个数；

N——样本个数；

$\overline{F_j}$——向量均值。

在甄选后的敏感特征子集中，每个特征对每个故障模式的敏感程度不同，根据敏感度大小对所有特征需要进行加权，提高每个敏感特征的分类贡献，提高分类准确度。每个特征的加权量根据距离评估因子 α_j 确定，假设在子特征集中包含 L 个特征，则 L 个特征的归一化距离指标值充当每个特征的权重。

(3) k-均值聚类算法

k-均值聚类算法属于一种无导师型的机器学习算法。该算法的目的是通过实现最小化的"样本点到聚类中心的距离和"将 N 个样本点划分到 k 个聚类中。其目标函数可为：

$$J = \arg\min_{C} \sum_{i=1}^{k} \sum_{x \in C_i} \| \vec{x} - \vec{\mu_i} \| \tag{4-35}$$

式中 $C=\{C_1, C_2, \cdots, C_k\}$——$k$ 个聚类中心；

$\vec{x}$——大小 $N \times R$ 的特征矩阵；

N——观测样本大小；

R——矩阵维度，即每个样本的特征数；

$\vec{\mu_i}$——第 i 个聚类中心坐标。

k-均值聚类算法的过程如下：

① 初始化。

为所有的特征样本随机选择 k 个聚类中心坐标。

② 样本分配。

$$C_i^t = \{x_p : \| x_p - \mu_i^t \|^2 \leqslant \| x_p - \mu_j^t \|^2 \ \forall j, 1 \leqslant j \leqslant k\} \tag{4-36}$$

③ 更新。

完成所有样本的归类后，找到新的聚类中心坐标。

$$\mu_i^{t+1} = \frac{1}{N_i^t} \sum_{x_j \in C_i^t} x_j \tag{4-37}$$

式中 N_i^t——第 t 次迭代第 i 个聚类样本数。

④ 迭代。

重复步骤②～③，直到所有的聚类中心坐标不再变化。

4.5 本章小结

本章得出如下主要结论。

① 设计与周期性故障冲击相匹配的自适应 MCKD 逆滤波器。通过该算法滤波器选择合适的参数进行自适应优化，能提取较弱的冲击信号成分，进一步提高信号的信噪比。

② 在高共振频带寻找最佳频带区域前应用 MCKD 滤波器组进行滤波预处理，提取出与故障特征频率相关周期性冲击信号成分，再结合共振解调分析，从而实现复合故障的轴承故障特征的分离。

③ 提出采用负熵取代峭度指标，构造基于时域平方包络负熵和基于频域平方包络谱负熵的目标函数。

第5章　多测点信息融合减速器故障智能诊断

单一传感器所采集的振动信号不可能全面涵盖设备健康状态的所有信息，这使得设备故障诊断的准确性受到质疑。矿井提升机减速器运行在强背景噪声下，因此所采集的减速器振动信号容易被噪声淹没甚至丢失，而且用于采集振动信号的传感器一般均安装在齿轮箱体或轴承座上，由局部故障引起的有用信息与减速器多振源产生的振动信号在被传感器采集到之前经过齿轮、轴、轴承、箱体等多个零部件，振源与传感器之间复杂的传递路径必然会对振动信号产生干扰，导致信号出现调制、失真、畸变等情况。

单一传感器的故障诊断在解决具体问题时容易出现诊断信息不完备的情况。多传感器振动信号虽然能提供丰富信息，但是对这些信息不加任何挑选，将所有的特征信息直接用于故障诊断或类别区分时，这些信息将导致无关或相关度过高的信息过多，数据维数过高，计算量骤增，计算时间增长，计算机负担增大。特征选择算法主要是尽可能寻找到较小的敏感特征子集，从而获得较高的分类预测准确率。针对减速器振动信号的特点以及多传感器采集的振动信息存在冗余、维度过高等问题，有必要合并维度、挖掘消除与目标无关的特征信息，深入研究敏感特征子集提取问题，对提高机械设备故障诊断准确率有着重要的意义。

5.1　多测点传感器布置与振动数据采集

在提升系统减速器故障模拟诊断试验台上的输入轴和输出轴的径向和轴向分别安装振动传感器。该试验台共安装4个加速度传感器，用于实时采集振动信号。2个加速度传感器A、B安装在减速器箱体输入轴和输出轴的轴承端盖上；2个加速度传感器C、D安装在减速器箱体上方。本次试验设定所有轴承均为健康轴承,而齿轮有不同种类的故障(见表 5-1)。在试验过程中,同步采集 4 个通道的振动信号,并把这些信号用于多测点信息敏感特征分析。

表 5-1　不同工况下齿轮振动信号说明

试验编号	工况	齿轮故障种类
1	450 r/min,0 N・m	每次试验包括 4 种齿轮故障状态:① 正常状态;② 齿轮磨损;③ 齿轮裂纹;④ 齿轮断齿
2	450 r/min,2.5 N・m	
3	450 r/min,5 N・m	

4 个不同位置加速度传感器采集的齿轮裂纹故障的振动信号如图 5-1 所示。由图 5-1 可以看出,在同一种故障状态下,不同位置的加速度传感器虽然可以同步采集到齿轮箱运行过程中产生的冲击性成分,但是信号的幅值及频率各不相同。由此可知,安装于待诊断设备不同位置的传感器所采集到的振动信号包含有一定差异性的设备运行状态特征。

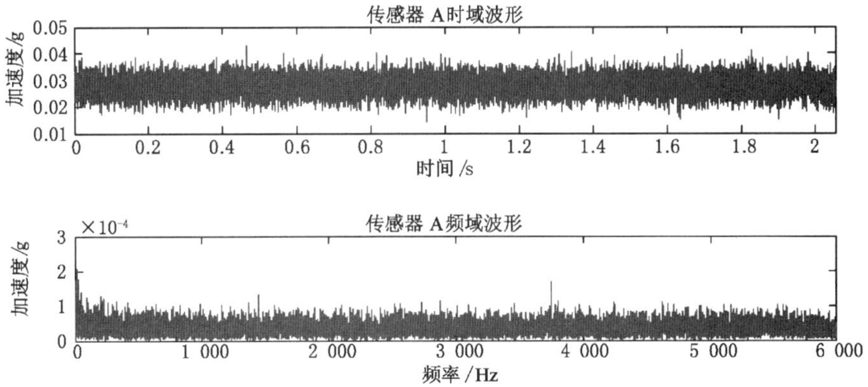

(a) 传感器A

图 5-1　输出齿轮裂纹故障下 4 个传感器振动信号时域波形和频谱

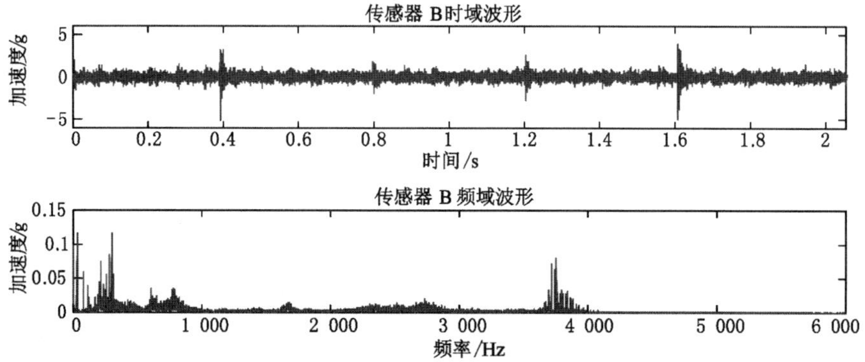

(b) 传感器B

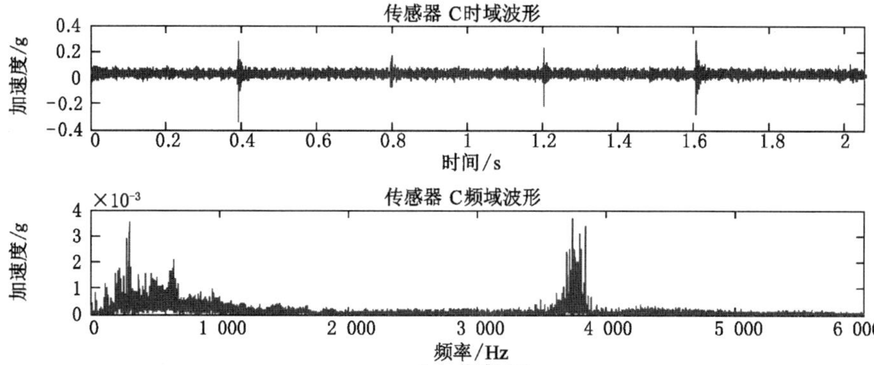

(c) 传感器C

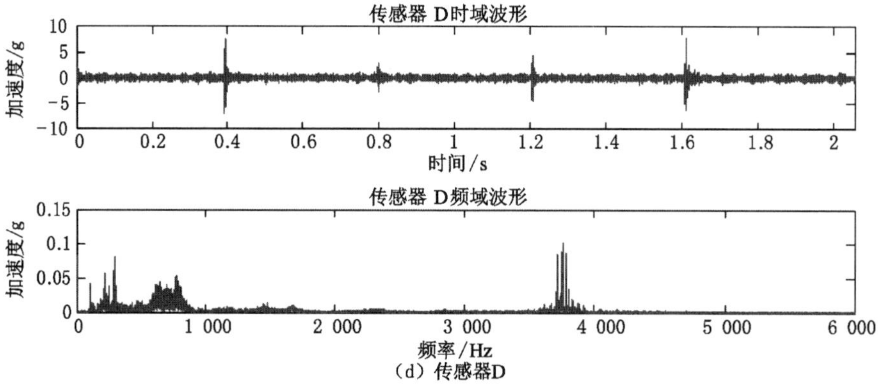

(d) 传感器D

图 5-1(续)

5.2 减速器故障智能诊断验证

5.2.1 试验参数

减速器工作在不同故障状态下的试验在故障模拟试验台上进行。分别在正常、齿轮磨损、裂纹和断齿四种状态下试验，共进行了 3 种运行工况的振动测试试验。负载分别对应 0，0.1 A，0.2 A 对应的扭矩。转速为提升机减速器额定工作转速 450 r/min，数据采样频率为 12 000 Hz，采样长度为 20 s。分别以输入轴及输出轴两侧布置的传感器采集的振动信号作为分析对象。

5.2.2 试验结果及其分析

以第一种工况试验(转速 450 r/min，负载 5 N·m)为例，4 种健康状态下的齿轮箱振动时频波形和频谱图。布置在提升机减速器输出轴承端盖上的加速度传感器 A 采集到的振动信号如图 5-2 所示。由图 5-2 可以发现，正常和齿轮磨损两种工况下的齿轮振动信号振动幅值及频谱波形很相似；裂纹和断齿两种工况下的齿轮振动信号振动幅值及频谱波形也很相似；裂纹和断齿两种工况下，在时域波形中可以看到明显的冲击信号成分。因此单纯靠时域波形和频谱分析很难区分出故障类型。

DET 通过计算分类距离评价故障模式的敏感程度，mRMR 又利用互信息考虑特征之间的冗余性。两种方法相结合可以实现原始特征集的评估和筛选。

基于 DET 的特征选取结果如图 5-3 所示。

基于 DET 评估每个特征的距离指标。挑选特征的阈值设定为 90 个特征的距离指标的平均值 0.5 时，按距离指标由大到小的顺序对全部的特征集进行特征选取，以挑选出敏感的子特征集。在图 5-3 中，横轴表示特征编号。由图 5-3 可以看出，由于未考虑特征间的冗余度，从 90 个特征中挑选出来 51 个较为敏感的特征，但这些特征之间却包含较多的冗余信息。将 DET 挑选出来的特征子集利用 mRMR 做进一步处理，以剔出冗余特征。计算特征之间的互信息时，mRMR 采用增量式搜索思想获得最优特征集 S，使用基于互信息值对特征与类标签集 C 的相关性以及与所得特征子集 S 的冗余性进行打分，并将最高分的特征加入 S 中。最终 51 个特征中仅剩 33 个特征构成最优特征子集。

为了验证所提 DET 和 mRMR 相结合评估特征选取和分类算法的有效性，采用 PCA、DET、DET 和 mRMR 相结合的三种方法对同一样本数据进行

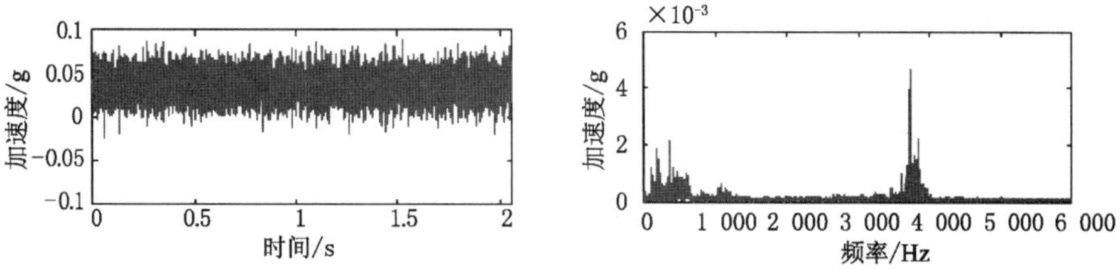

（a）正常状态时域波形及频域波形

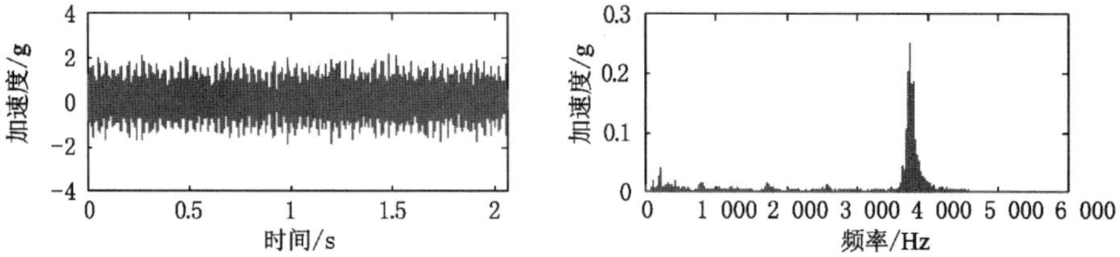

（b）磨损状态时域波形及频域波形

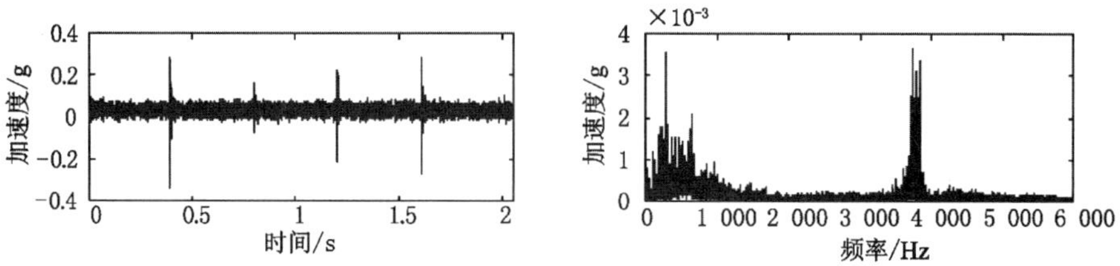

（c）断齿状态时域波形及频域波形

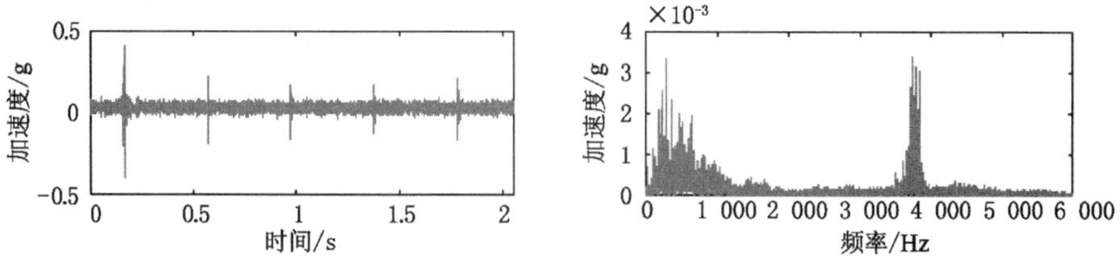

（d）裂纹状态时域波形及频域波形

图 5-2　正常和 3 种故障工况下齿轮振动信号时域波形和频谱

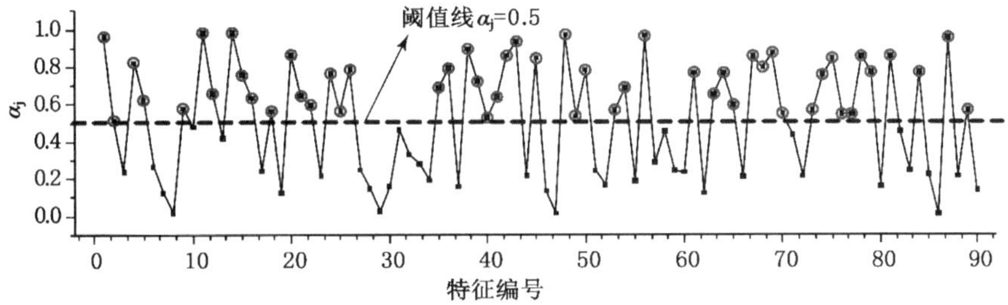

图 5-3　基于 DET 的特征选取

分类。方法一:使用 PCA 进行特征降维,然后分类。方法二:采用 DET 选取敏感特征子集,然后进行分类。方法三:采用 DET 与 mRMR 相结合方法选取敏感特征子集,然后进行分类。

在每种工况下随机选取 80 个测试样本进行训练。利用三种方法对齿轮箱正常和 3 种故障下采集的数据进行分类,其效果如图 5-4 所示。通过图形分类效果可以发现,在方法一的分类结果中,出现大量的错误分类样本点,并且每个聚类中的样本点分布十分松散。在方法二和方法三的分类结果中,均无错误分类样本点,但是在方法二的分类图中正常状态与断齿状态样本距离比较近,而方法三的分类图中正常和 3 种故障状态的距离则比较远,有着较大的类间距离和较小的类内距离。

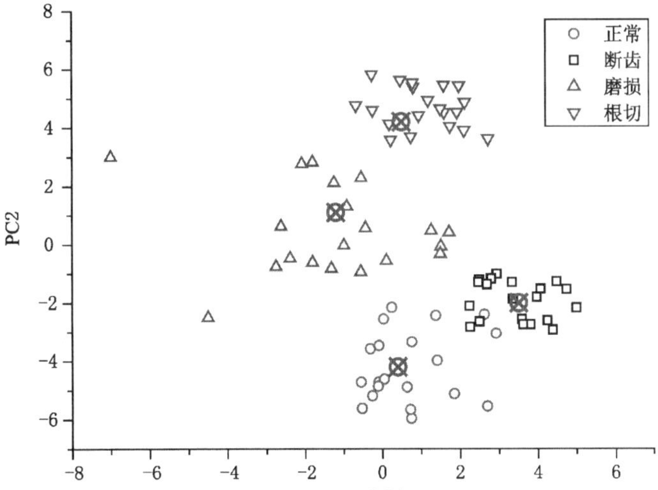

(a) 方法一

图 5-4　3 种不同算法对减速器不同齿轮状态特征的分类效果

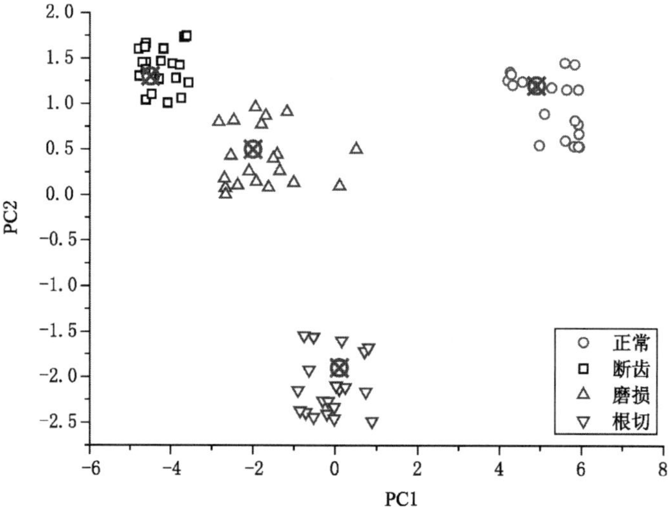

(b) 方法二

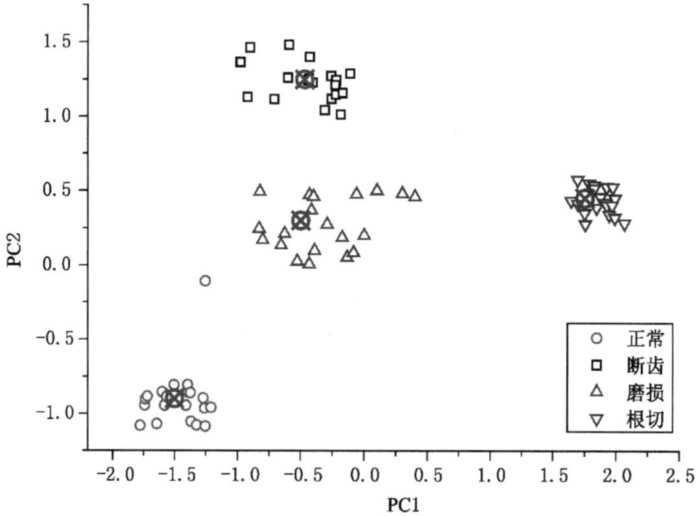

(c) 方法三

图 5-4(续)

为了进一步对比三种方法的分类效果，引入轮廓系数来量化三种方法的分类效果。轮廓系数是结合内聚度和分离度两种因素来评价聚类效果优良的一种度量指标。在该处用来评价相同原始数据下不同算法的分类效果。轮廓系数是用来测量样本点与本聚类中各样本的相似度和其他聚类中各样本点的相似度的一个比值。其公式表达式为：

$$S(i)=\frac{b(i)-a(i)}{\max[b(i),a(i)]} \tag{5-1}$$

式中　$a(i)$——第 i 个样本点与其聚类内的其他样本点之间的平均距离；

$b(i)$——第 i 个样本点与其他 k 聚类内样本点之间的平均距离中的最小值。

$$b(i)=\min\{b(i,1),b(i,2),\cdots,b(i,k)\}$$

式中　$b(i,k)$——第 i 各样本点与其他 k 聚类内样本点之间的平均距离。

$a(i)$称为聚类内不相似度，$b(i,k)$称为 k 聚类间不相似度。$S(i)$取值范围为$[-1,1]$，若 $S(i)$接近 1，则说明样本点 i 的聚类合理；若 $S(i)$接近-1，则说明样本点 i 的聚类不合理。对所有样本点的个体轮廓系数求平均值，并得到这种分类方法的轮廓系数 SV：

$$SV=\frac{1}{n}\sum_{i=1}^{n}S(i) \tag{5-2}$$

式中　n——样本总容量。

方法一为 PCA，方法二的 DET 和方法三为 DET 结合 mRMR。利用这三种方法对所有样本试验数据进行分类，其结果如表 5-2 所示。在每种工况下 3 种方法试验中总的错误分类样本数和平均轮廓系数如表 5-2 所示。由表 5-2可知，方法一中有 36 个错误分类样本点，方法二中有 44 个错误分类样本点，而在提出的方法三中只出现 4 个错误分类样本点。此外，在所有的 3 类试验中，方法三的分类轮廓系数均高于其他两种方法。

表 5-2　3 种方法的轮廓系数对比

试验编号	方法一		方法二		方法三	
	错误	SV	错误	SV	错误	SV
1	3	0.642	2	0.725	0	0.815
2	5	0.586	1	0.648	1	0.865
3	1	0.597	4	0.751	0	0.792
4	2	0.602	2	0.711	0	0.912

将方法三与其他两类方法的分类效果进行比较。定义提升系数为：

$$\Delta S_k = \frac{SV_3 - SV_k}{SV_3} \times 100\% \quad k = 1,2 \tag{5-3}$$

式中 SV_3——方法三的轮廓系数；

SV_k——其他两种方法的轮廓系数。

方法三分类次与其他两种方法分类效果对比如图 5-5 所示。由图 5-5 可以看出，在所有的样本试验中，方法三对比其他两种方法的分类准确率有一定的提升。对比方法一，其提升范围为 29.1%～38.7%；对比方法二提升范围为 17.4%～22.8%。

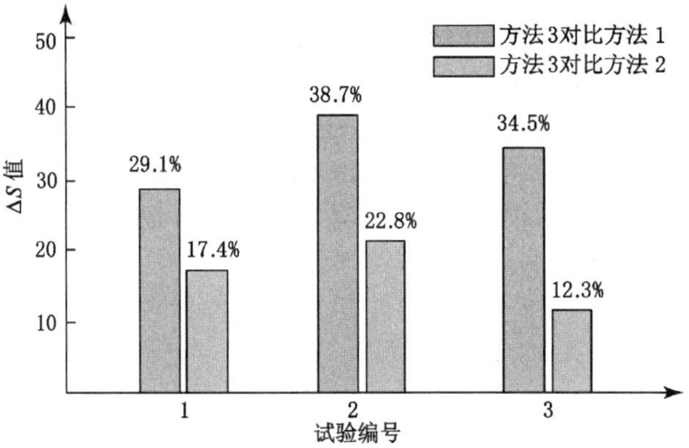

图 5-5　方法三对比其他两种方法在分类效果上的提升

5.3 本章小结

本章主要得出以下结论。

① 提出 DET 与 mRMR 相结合的二阶评价选取算法。该算法克服了单一 DET 算法无法考虑特征冗余度的缺陷，实现了不敏感特征和冗余特征的评估和去除。

② 基于 DET 自法和 mRMR 算法相结合从总特征集中挑选出最佳敏感特征子集，采用 k-平均聚类法进行不同故障分类并验证。

③ 在齿轮箱多种故障分类试验中，利用 DET 算法与 mRMR 算法相结合方法挑选出的敏感特征子集，在与其他两类方法相比较，在分类效果上表现出了更好的稳定性，并在所有的工况中均达到较好的分类效果。

第 6 章　提升机减速器运行状态在线监测及故障诊断系统开发

提升机减速器长期处于多工况、变负载工作条件下。为确保提升机减速器能够长期可靠生产，传统的基于事后反应性维修或基于时间表的定期维护方式容易出现设备故障发现不及时、维护不到位或者过度维护等问题。当减速器轴承或齿轮出现齿面磨损、裂纹、点蚀等异常时，最直接的表现就是减速器关键状态信号发生极大的改变。通过拾取关键部件的状态信号进行分析，以甄别出故障的所在之处和故障类型，可以确保提升机减速器工作状态，尽早发现减速器运行中的微弱故障。

由于煤矿生产中提升机工作时间较长，这将导致存储数据不断增加。一方面可以通过增加服务器的存储能力进而提高数据处理速度，另一方面可以利用与网络相连的服务器存储数据，计算机通过调用不同位置的服务器中的数据进行处理。前者虽然布置简单，但面对庞大的数据时，需要具有强处理能力的单台计算机，若选择计算机技术的云分布式处理，可以通过物理位置不同的廉价计算机进行处理，数据处理成本和计算能力的优势就显现出来。近几年随着物联网云平台技术的不断成熟，智能矿山的不断推进，矿业向着大数据、云技术方向发展，因此建立提升系统安全保障与云技术相结合，建立提升机减速器状态运行信息库，通过其与物联网云平台技术结合，实现减速器远程网页和客户终端的监测与故障预测。

在前述研究的基础上，充分考虑现场实际工况需求，设计提升机减速器运行状态在线监测及故障诊断系统的总体结构、信号采集、传输方案以及硬件安装方法。运用 Labview 图形化开发环境并与 Matlab 联合编程设计提升机减速器在线监测系统软件。实现减速器振动信号的采集、滤波、解调、特征提取、故障识别等功能，基于物联网云平台技术，开展提升机减速器健康状态实时监测系统的开发，使设备维修向主动性、先导性转变。

依据铁法煤业(集团)有限责任公司小康矿 JKMD3.25×4(Ⅰ)A 型塔式多绳摩擦提升机构,提升机结构如图 6-1 所示。该提升机包括提升机主轴、传动电机和减速器。该提升机电机采用 YR1000-14/1450 型电机,该电机轴额定转速为 450 r/min。该提升机采用 XP1120 型减速器,减速比为 12。该提升机减速器输入轴相关参数如下:

转频为

$$f_g = n/60 = 7.5\ (\text{Hz})$$

输出轴的转频为

$$f_p = f_g/i = 0.625\ (\text{Hz})$$

额定转速为

$$n_2 = n_s/i = 37.5\ (\text{r/min})$$

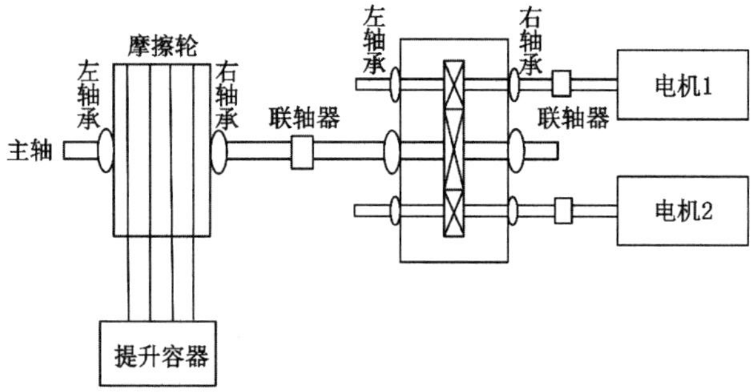

图 6-1　小康矿主提升机系统

6.1　减速器运行状态在线监测及故障诊断系统总体结构设计

6.1.1　减速器运行状态在线监测及故障诊断系统总体结构设计

减速器运行状态在线监测及故障诊断系统的总体结构设计如图 6-2 所示。该系统共包括 4 个主要功能模块,即振动信号采集模块、信号分析监测模块、运行状态分析模块以及趋势预测模块。

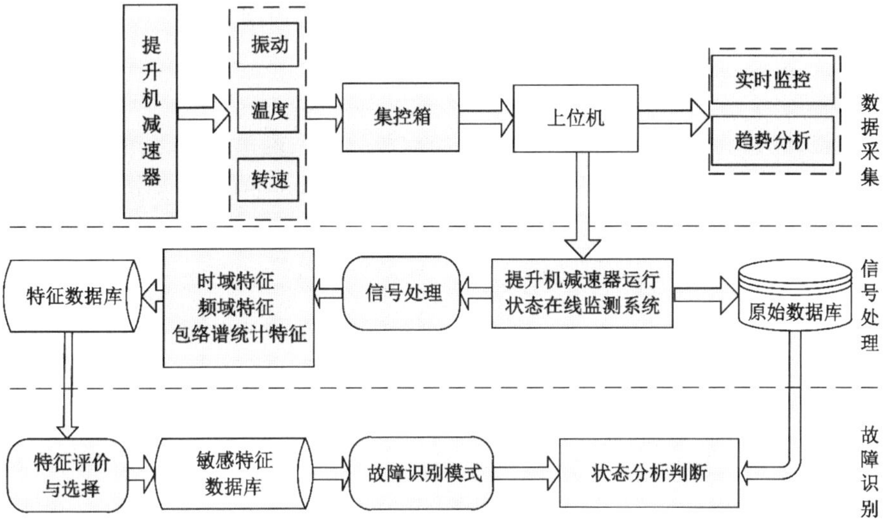

图 6-2　减速器运行状态在线监测及故障诊断系统

(1) 信号采集模块

温度、振动、转速传感器采集齿轮箱在各种工况下的振动、温度和转速信号。通过放大、抗混叠滤波、采样保持以及 A/D 转换等信号处理方法将数据传输到集控箱，再经交换机通过局域网上传至上位机的提升机减速器运行状态监测系统。

(2) 数据模块

数据模块则将传送到 Labview 中的数据进行数据分析处理，以便后续的故障分析与诊断使用。信号分析处理模块将振动传感器采集的减速器振动信号，经第 3 章研究的算法进行处理、计算，实现信号的分解、变尺度解调和特征提取等，为减速器运行状态判断奠定基础。

(3) 运行状态分析模块

结合历史特征数据库以及原始数据，通过预警判断机制实现齿轮箱运行状态的分析判断并进行趋势预测及分析实现对故障发展趋势的准确判断，以便进行故障报警。

(4) 趋势预测模块

该模块将采集的温度信号和计算的时域特征值通过规定算法的拟合后绘

制成曲线，工作人员可对其数据的发展趋势进行分析，以便观察设备运行是否存在出现故障的趋势，提前做好维护准备，缩短维修周期。

6.1.2 健康状态监控系统组成

提升机减速器运行状态在线监测与故障诊断系统由监测工控机、振动数据采集器、集控箱、温度传感器、高频响应振动传感器等组成，如图 6-3 所示。通过 6 个振动传感器、6 个温度传感器、测速发电机和健相传感器来实现减速器 6 个轴瓦处的振动、温度、转速等参数和健相的监测。

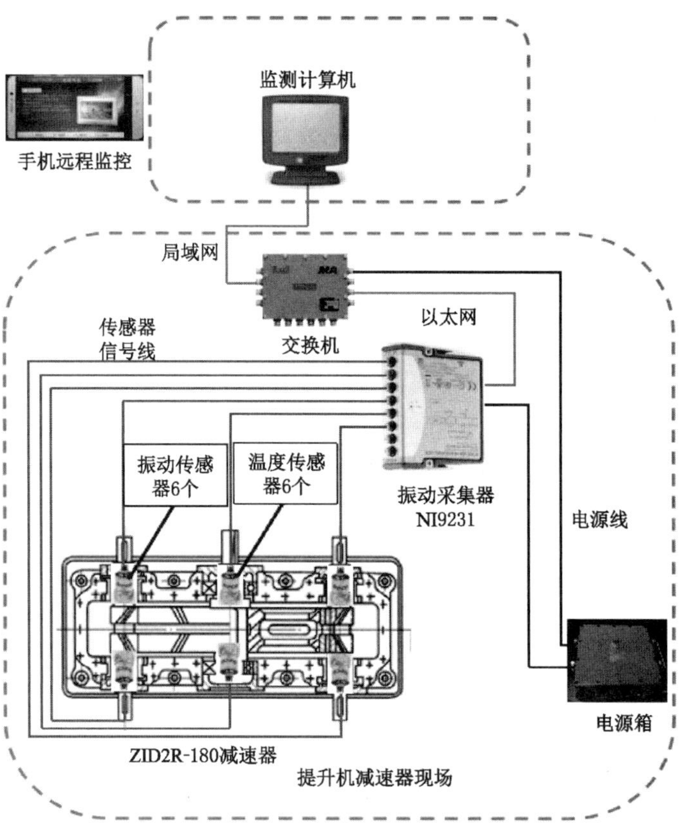

图 6-3 提升机减速器运行状态在线监测与故障诊断系统组成

振动信号分析一直被认为是最为有效的故障诊断方法，广泛应用于齿轮箱、轴承等重大传动设备的状态监测和故障诊断。提升机减速器在线监测及故障诊断系统主要实现功能就是实时监测减速器各主要部件即齿轮和轴承的振动加速度及温度两种信号，以便能及时发现减速器内部缺陷，以避免造成重大安全事故。振动数据的通信协议采用 Modbus/TCP 协议。通过采集板将采集到的振动数据传送到 Labview 中。对 TCP 端口号(图 6-4)及下位机采集板的参数进行配置，指定其通信端口和 IP 地址，就可实现与下位机采集板的连接(图 6-5)，进而读取和写入 TCP 端口中的数据，并存储和输出采集的数据以便后续使用。

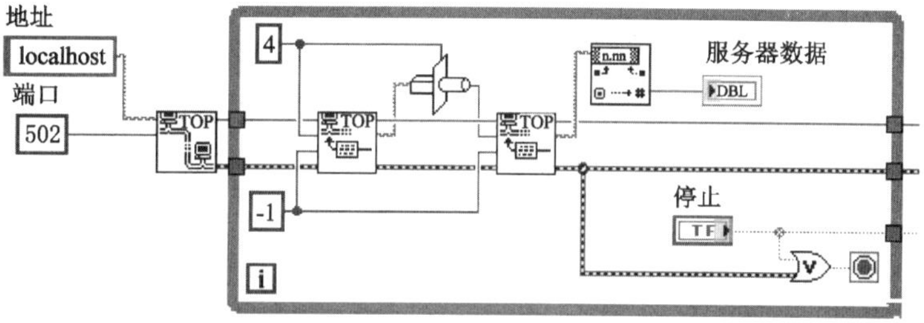

图 6-4 TCP 连接图

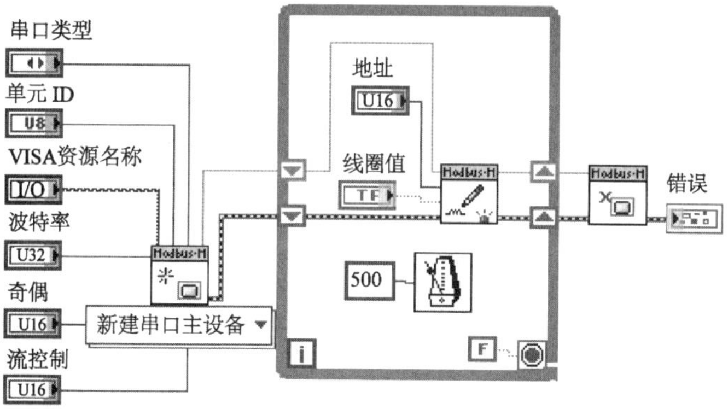

图 6-5 RS485 连接图

振动传感器测点布置如图 6-6 所示。在电动机转子左侧轴承座上的测点 1、5 分别布置 1 个加速度传感器；在电动机转子右侧轴承座上的测点 2、6 分别布置 1 个加速度传感器；在减速器输出轴轴承座上的测点 3、4 分别布置 1 个加速度传感器；在主轴装置左侧轴承盖上的测点 7 布置 1 个加速度传感器；

在主轴装置右侧支座上的测点8布置1个加速度传感器。提升机减速器传感器现场实际照片如图6-7所示。根据采样定理及试验测试，该系统采样频率设置为25.6 kHz，采样精度为24位。

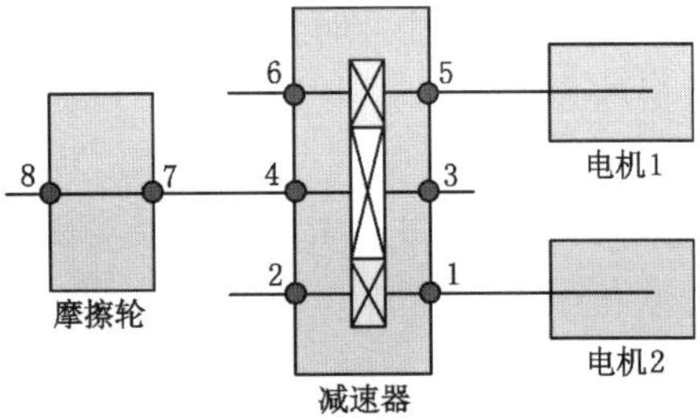

图6-6　振动传感器测点布置

温度传感器安装在轴瓦处用以检测润滑油内部油温。当减速箱齿轮或轴承发生故障时，油温会发生相应变化。因此对油温实时监测更能有助于及时发现减速器内部故障。温度信号采集主要采用EDA9018A温度采集模块。该模块具有5路三线制的Pt100输入，具有二线制RS485输出接口。温度数据的通信协议采用Modbus/RTU协议。该模块测温范围为−50～500 ℃，广泛应用于测量系统及工业控制。通过温度采集模块将采集的温度信号传送到Labview中。温度采集模块的连接主要采用Labview中的VISA模块。将VISA模块中的连接波特率、串口通道类型及校验位等信息配置好后，就可实现数据之间的传输。减速器本身自带转速测速发电机以监测转轴实时转速。结合键相传感器将脉冲信号与齿轮的振动信号比较，可以确定振动信号的相位角。

加速度传感器采集到的振动信号传送给集控器。振动信号经A/D转换、采样保持、滤波和信号放大等处理后通过以太网上传至上位机以进行减速器在线状态实时振动监测与诊断，并保存最完善的初始数据信息存放于数据库中，同时上位机通过交换机局域网将数据传送至监控室用户进行监测和操作，通过开发的应用系统在线显示提升机减速器运行状态监测与故障诊断设备，根据故障识别判断减速器的运行状态是否正常，并进行报警处理。

此外，系统定制工业云触控屏与物联网云盒子建立云人机界面，该界面包括：主监控界面、数据界面、历史报警界面、阈值设置界面等，基于物联网技术，建立状态运行库，实现提升机减速器运行状态的智能监控与故障预测。该系统支持远程数据查询，可通过手机或计算机实时显示云端数据，实现自动化与信息化融合，提高企业生产综合管理决策效率。

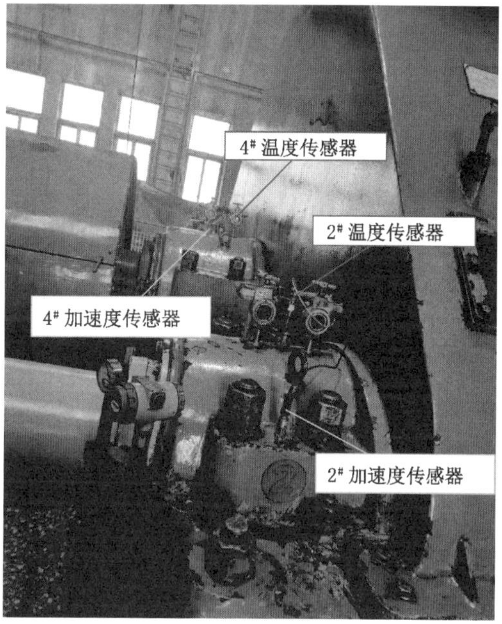

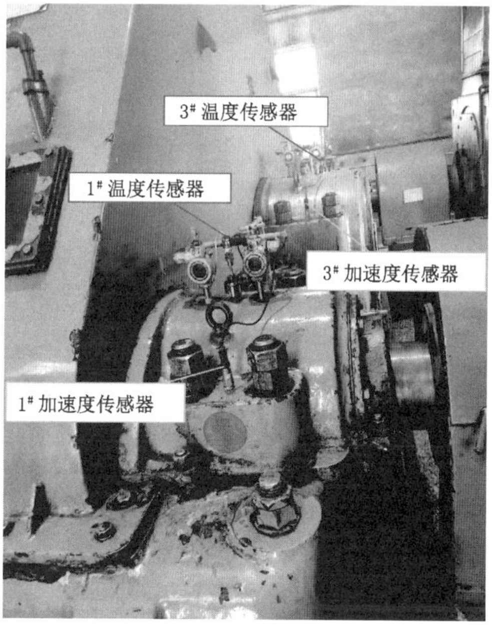

图 6-7　提升机减速器系统传感器现场安装部分实物

6.2 减速器运行状态在线监测及故障诊断系统硬件平台设计

根据减速器运行状态在线监测及故障诊断系统的总体功能设计、信号采集方案、信号传输方案以及设备性价比等，下位机选用矿用防爆本安压电式加速度传感器(CA-YD-187T 型传感器)。通过屏蔽电缆和 NI 9181 以太网动态信号采集器相连来测量齿轮箱振动加速度信号。选用 Pt100 系列热电阻温度传感器和 EDA9018A 温度采集模块测量齿轮箱温度信号。将现场原有的测速发电机采集到的速度信号，通过以太网上传到上位机中。通过触摸屏实现减速器运行状态在线监测及故障诊断系统的参数设置。基于传感器数量、种类、精度等因素，选用 NI compact-DAQ-9181 的以太网机箱采集和传输振动、温度和转速信号，设备如图 6-8 所示，具体参数见表 6-1 和表 6-2。集控箱由触摸屏、操控按钮、电源、采集模块、通信模块、处理模块等构成。

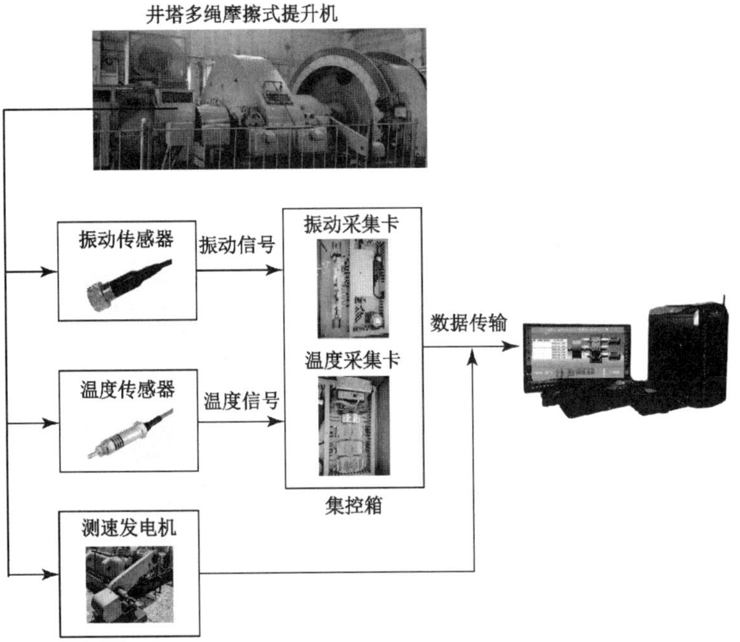

图 6-8 提升机减速器系统硬件连接

表 6-1　CA-YD187T 型压电式加速度传感器主要技术参数

传感器型号	供电电源	工作电流	测量范围(峰值)	频率响应	灵敏度
YD187T	±18～±28 V　DC	+2～+10 mA	±50 g	0.5～6 000 Hz	100 mV/g

表 6-2　GWD200 型矿用本质安全型温度传感器主要技术参数

测温范围	测量精度	输出信号	外壳防护等级
0～200°	±(0.15+0.2%)	Pt100 输出信号	IP54

6.3　减速器运行状态在线监测及故障诊断系统软件设计

根据减速器运行状态在线监测及故障诊断系统总体结构设计，基于 Labview 开发平台编制减速器运行状态在线监测及故障诊断系统软件。该系统主要功能是将传感器采集的振动信号，经前面所述算法进行数据处理后，计算和选取出时域及频域的特征信息，形成子数据库和总数据库，以实现在对特征数据存储的同时进行故障监测及等级报警；同时对传感器采集的温度信号和计算得出的时域特征值进行趋势预测及分析，实现对故障发展趋势的分析。健康监测及故障诊断系统处理流程如图 6-9 所示。

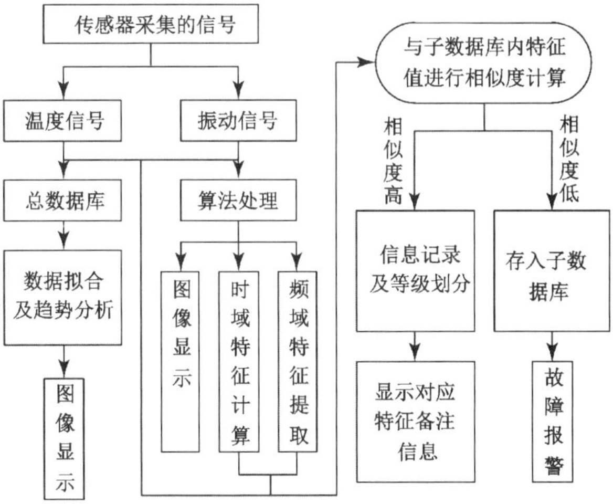

图 6-9　减速器运行状态在线监测及故障诊断系统信号处理流程

减速器运行状态在线监测及故障诊断系统软件的主要功能如下：

① 监测减速器运行的振动及温度状况，计算温度、频率等参数并绘制这些参数的变化曲线。

② 建立原始数据库，对库中的数据进行相应状态的设置，同时显示对应状态的相关信息。

③ 具备特征数据库的智能查询功能。根据特征数据库的查询结果进行故障识别。

④ 具备故障趋势分析功能。能够预视温度等参数的变化趋势。

⑤ 具备故障报警功能。能够进行包括声音及指示灯报警。

⑥ 具备历史信息查询功能。

减速器运行状态在线监测及故障诊断系统主界面与主程序框图，如图 6-10所示。其中主程序包括基于消息循环的主控模块、界面处理模块、数据采集模块、数据分析存储模块及云通信模块等，部分程序如图 6-11 所示。

6.3.1 信号采集模块

提升机减速器运行状态在线监测及故障诊断系统采集数据类型包括振动加速度、温度和转速。在信号采集模块（图 6-12）中，采用 3 个不同的采样时钟，实现 3 种类型信号的采集，安装在不同位置的振动和温度所属同一类别信号需要同步采集。转速信号与振动加速度信号和温度信号同步采集、存储。同步采集 $3^{\#}$ 通道的加速度信号和 $1^{\#}$ 通道的键相信号用于后续的分析。信号采集流程如图 6-13 所示。

基于 NI 的 9231 振动采集模块的 Labview 程序框图，如图 6-14 所示。首先进行参数设置，然后进行采集，最后清除任务。

6.3.2 信号分析模块

基于 CMF-CELMD，结合多尺度排列熵和希尔伯特变换解调对振动特征提取方法开发信号分析算法应用到 Labview 中，具体的操作采用 Labview 自带的 Matlab Script 节点。使用 Matlab Script 节点可以很容易执行用户自定义的数学算法，同时可以简化数据采集、仪器控制和信号生成等程序，为开发节省大量的时间。Labview 可以在 Matlab Script 节点中进行编程，同时也可以直接调用已有的 m 文件，当 Labview 中的数据类型与 Matlab 中的数据类型相匹配时，就可以实现数据之间的传输，将 Labview 采集到的数据送到 Matlab 中进行计算，之后再将 Matlab 处理后的数据传送到 Labview 进行显示，两者的结合可以充分发挥两者的优势，实现 Labview 和 Matlab 混合编程。

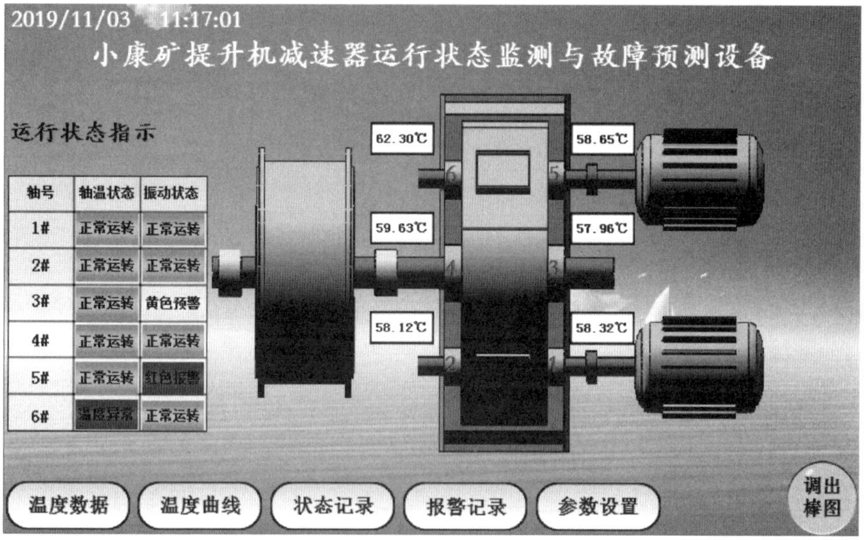

（a）主界面前面板

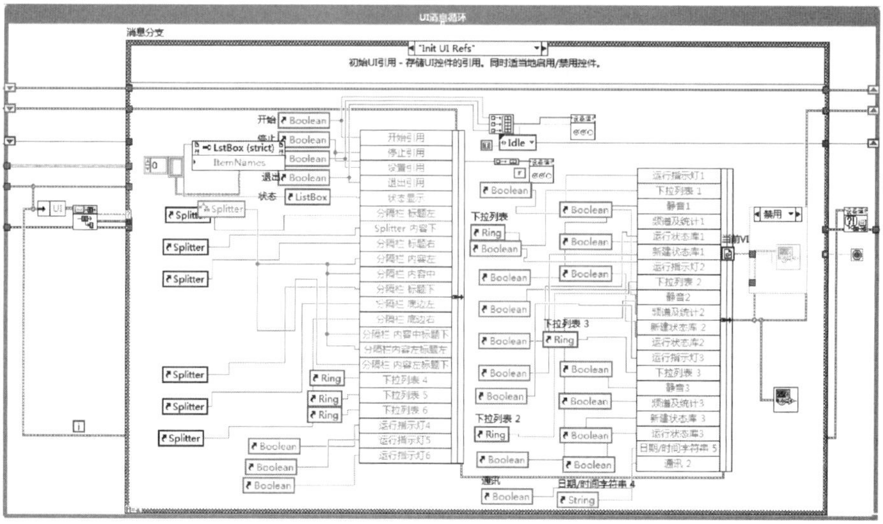

（b）界面处理模块

图 6-10　减速器运行状态在线监测及故障诊断系统主面板及程序

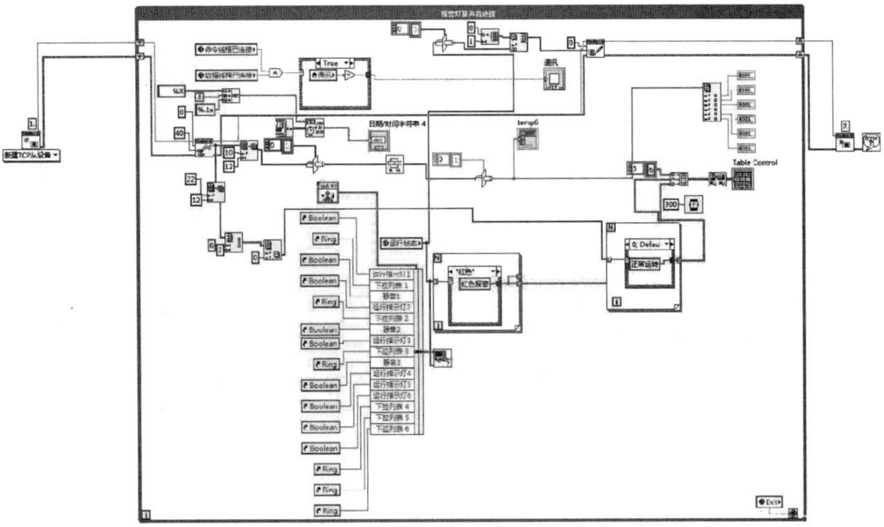

（a）云通信模块

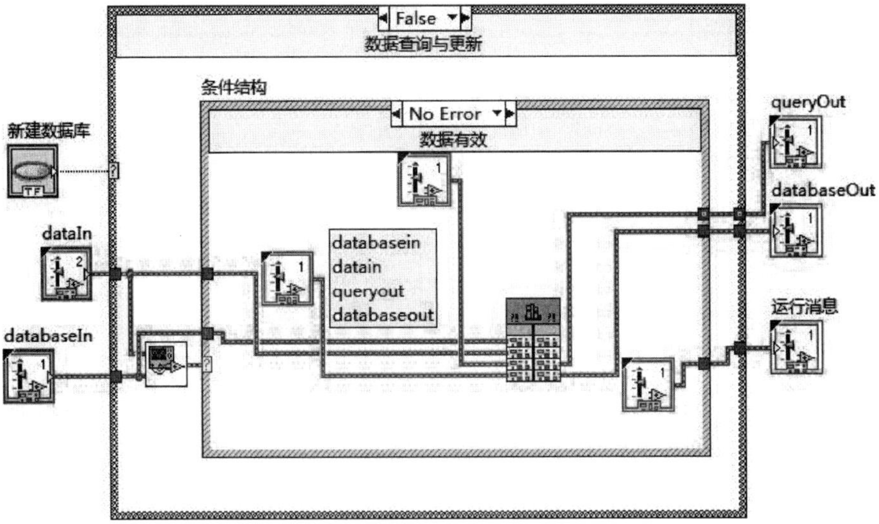

（b）数据分析模块

图 6-11　主程序框图中部分程序模块

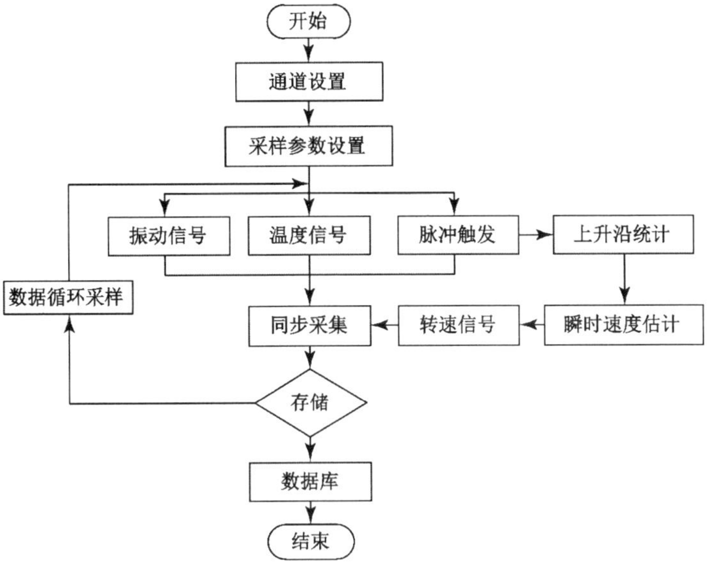

图 6-12　信号采集流程

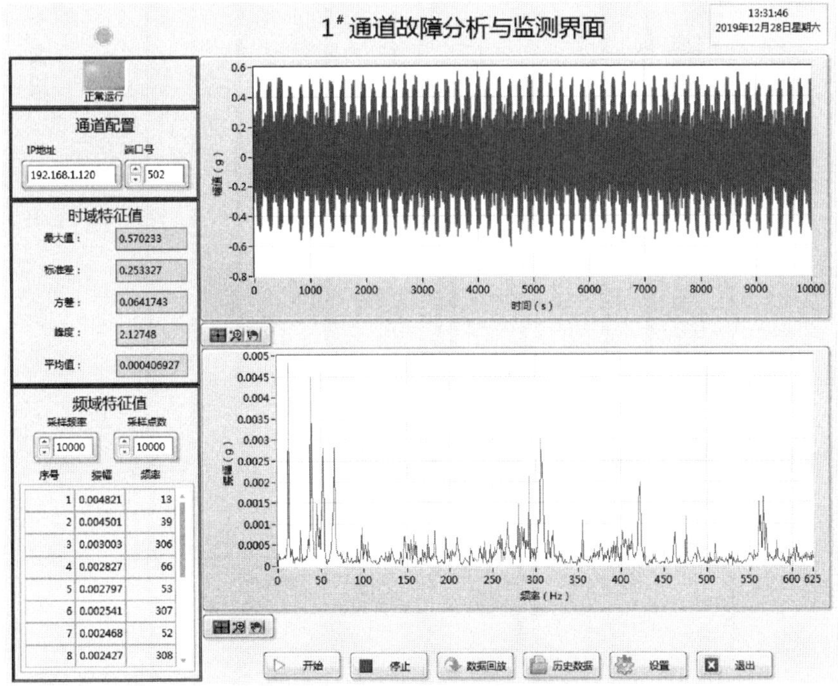

图 6-13　1# 通道振动信号采集前面板

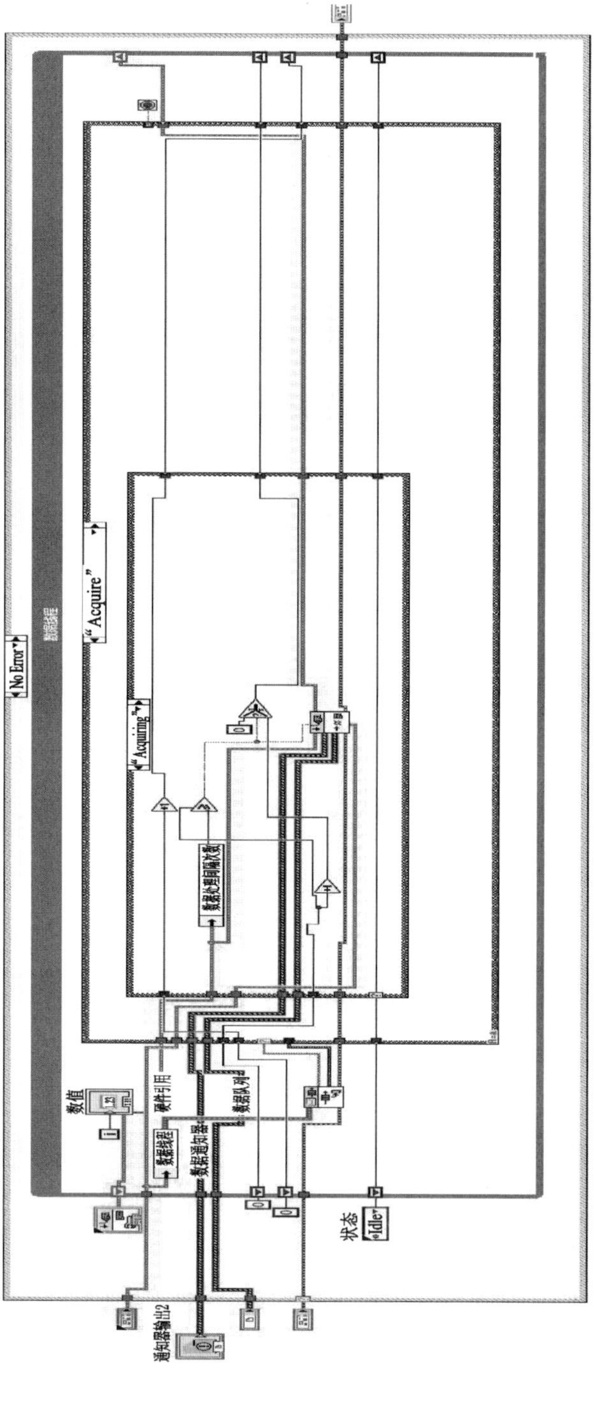
No Error
“Acquire”
“Acquiring”
数值
硬件引用
数据队列
数据通知器
状态
Idle
通知器输出2

图6-14　信号采集模块

信号分析模块算法流程如图 6-15 所示。信号分析模块结构如图 6-16 所示。根据转速信号判断减速器运行状态是匀速提升还是变速提升。在匀速提升下，基于 CMF-CELMD 把信号分解至不同频带，再根据多尺度能量熵进行信号选取，基于希尔伯特变换计算包络解调谱；若在变速提升阶段先将振动信号进行阶次谱分析，得到稳态信号后再进行信号分析处理。然后，分别在时域、频域上计算振动特征，基于第 5 章多传感器特性信号敏感性分析的 DET 与 mRMR 算法二阶提取敏感振动特征。由于 CMF-CELMD 和 EMD 多尺度排列熵算法计算量比较大，在减速器在线监测及故障诊断中使用比较困难，所以在本模块中使用离线分析。

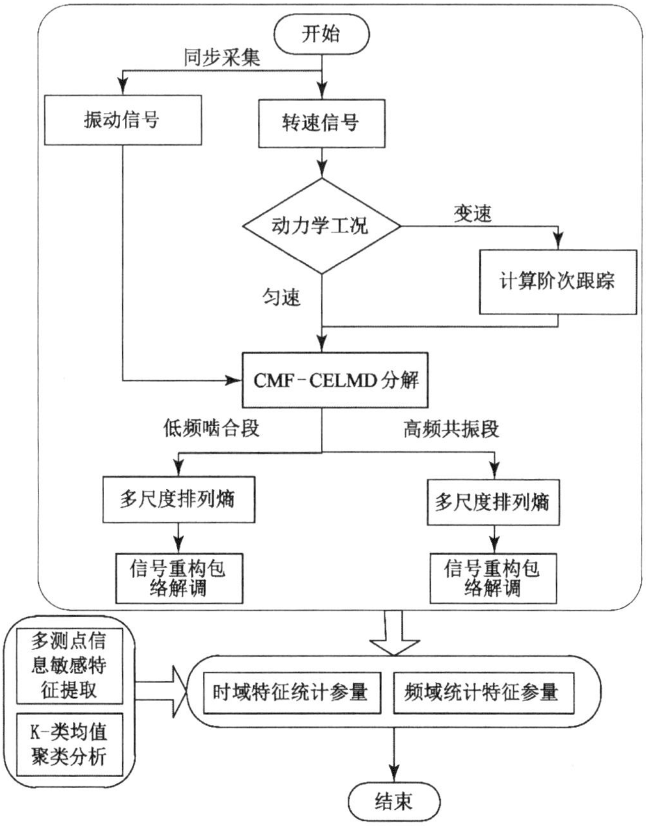

图 6-15　信号分析模块算法流程

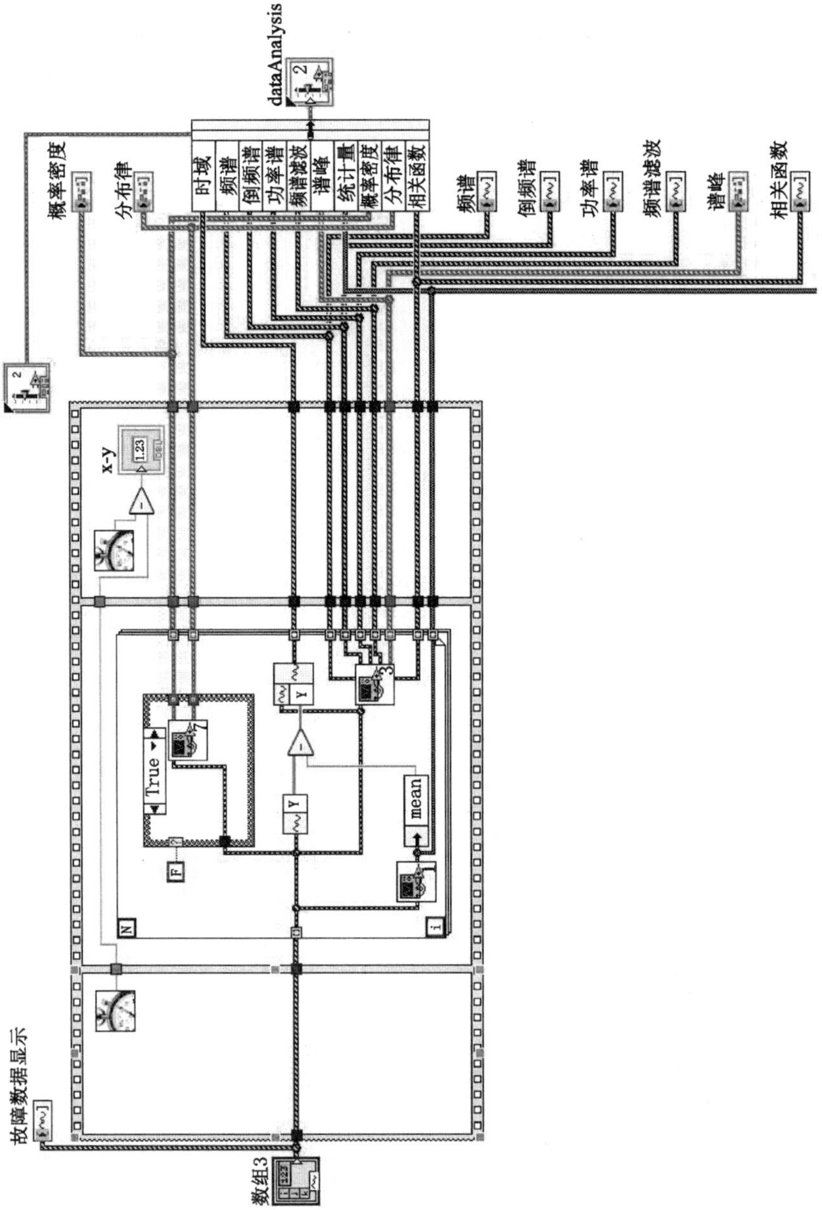

图6-16 信号分析模块结构

6.3.3　运行状态监测分析模块

运行状态监测分析模块主要包括时域特征值提取及显示模块、频域特征值选取及显示模块、时域及频域图像显示模块、包解调络谱显示模块等。

基于 DET 与 mRMR 二阶方法提取敏感振动特征，通过转速信息对振动信号进行预处理，结合温度信息形成特征向量；将这些特征向量与特征向量样本库进行互相关性计算，并将计算出的特征向量进行等级划分，用于之后的故障判别使用。故障判别时：把结合温度信息得到的特征向量先与特征向量样本数据库中的第一组健康样本向量进行互相关性计算，得出与正常运行状态数据的相关性等级，即故障等级。之后把该特征向量与其他故障特征向量样本库中的每组特征向量进行余弦相似度计算。余弦相似度的计算公式为：

$$\cos\theta = \frac{a \times b}{\| a \| \times \| b \|} = \frac{\sum_{i=1}^{n}(x_i \times y_i)}{\sqrt{\sum_{i=1}^{n}(x_i)^2} \times \sqrt{\sum_{i=1}^{n}(y_i)^2}} \tag{6-1}$$

式中　x_i——向量 a 中的元素；

　　　y_i——向量 b 中的元素。

当存在与之相似度较大的数据时，不保存对应的数据，只是在相似度较大的数据处将出现次数加 1，同时在系统和日志中显示对应数据代表的状态。若与数据库中的每条数据的相似度都小，则将对应的数据存入特征样本数据库中，并将其与健康特征值计算得出的相关性等级进行显示，同时在系统中进行报警，等待工作人员检查和处理，以判定该数据是故障数据还是非故障数据。运行状态监测前面板如图 6-17 所示；运行状态数据分析主程序如图 6-18 所示；运行状态监测分析流程如图 6-19 所示。

该模块的主要功能是通过子数据库中特征值相似性计算的结果，制定运行状态监测记录的规则，实现运行状态的分类并进行相应的报警。

运行状态监测分析模块，包括状态监测初始化模块、分析模块、后处理模块和故障及报警判断模块。运行状态监测记录的基本信息包括数据库名称、建库时间、通道号、状态个数及采样频率。其中，建库时间是重要信息，一般是在检修之后建库，库内包含了从建库时间以来所有的运行状态，如图 6-20 和图 6-21 所示。

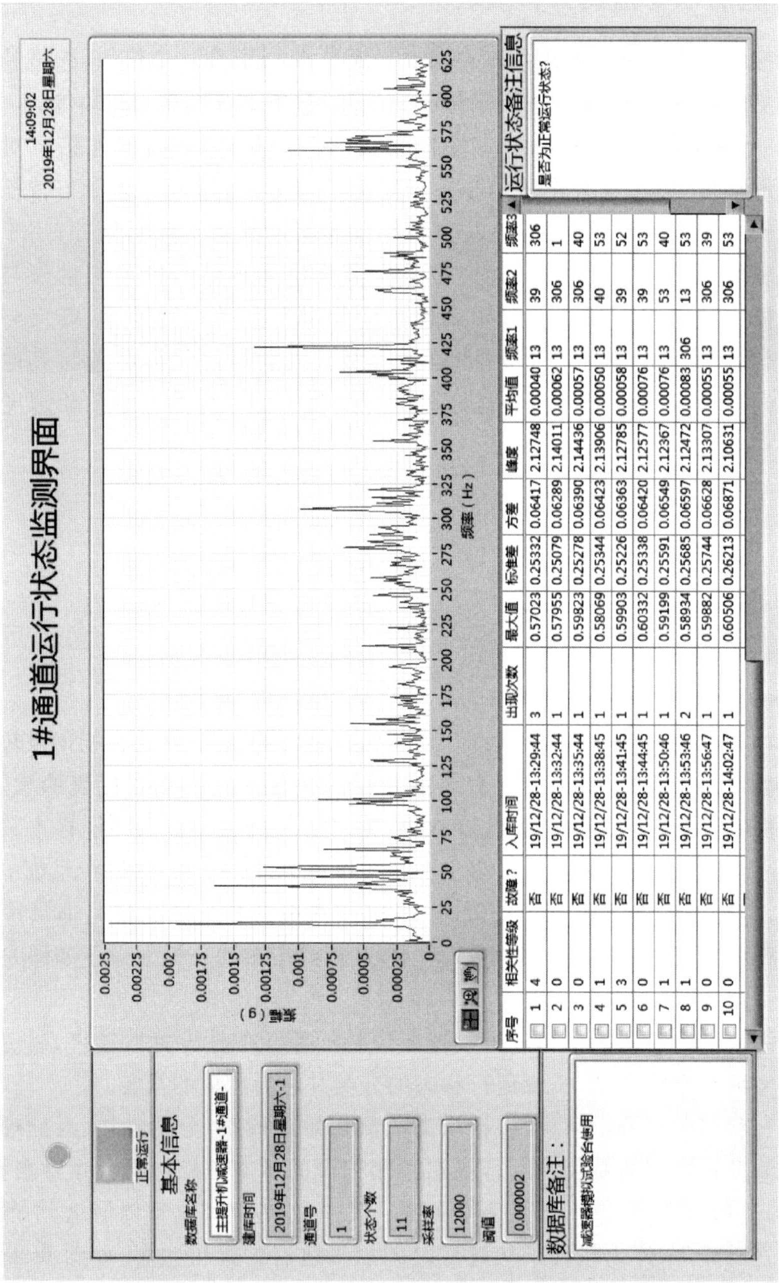

图6-17 运行状态监测前面板

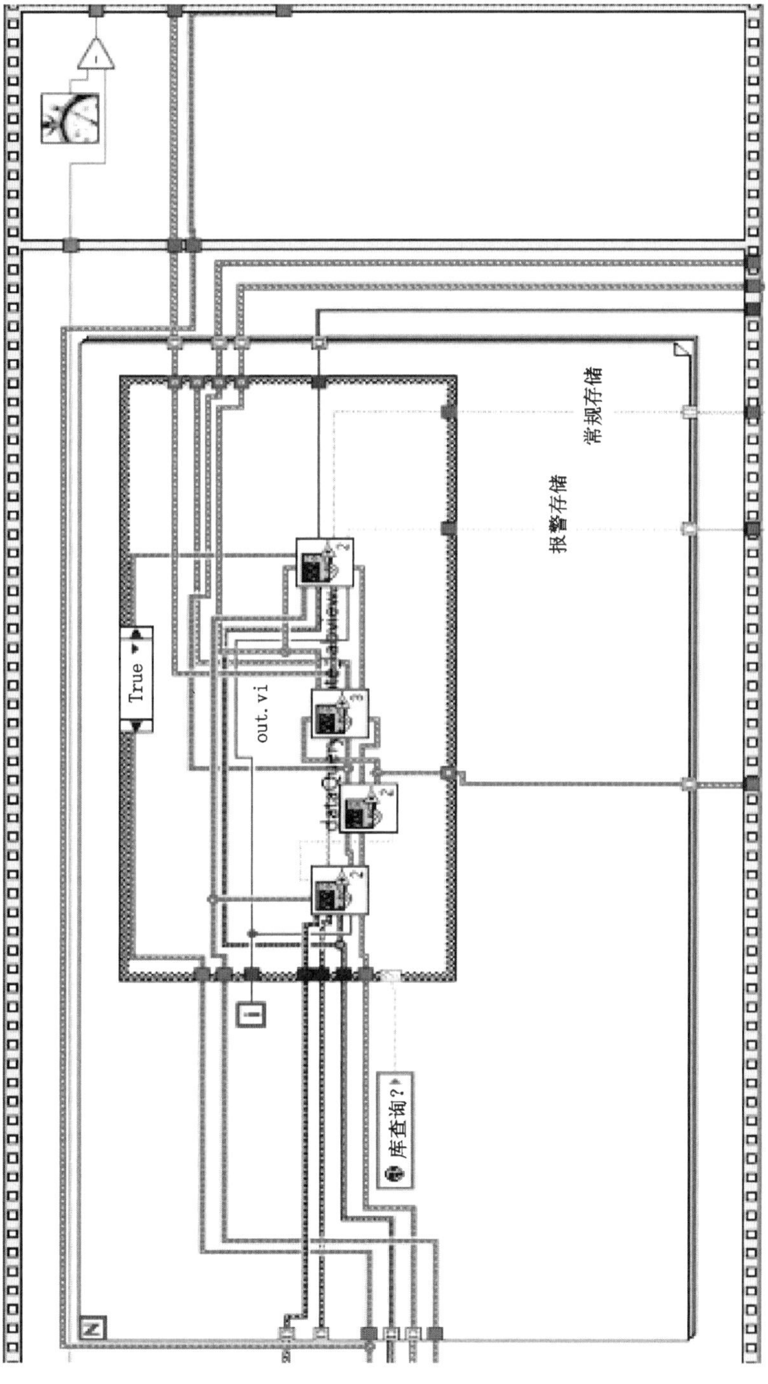

图6-18 运行状态数据分析主程序

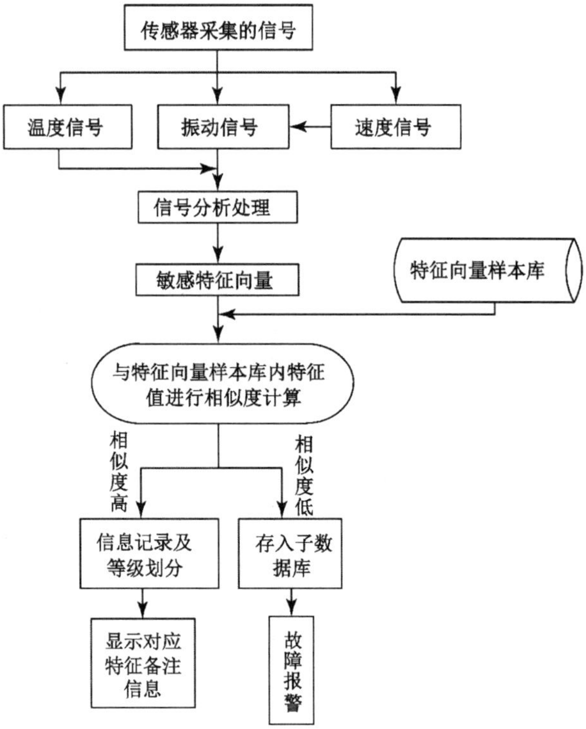

图 6-19　运行状态监测分析流程

6.3.4　运行趋势预测模块

运行趋势预测模块的目的是将采集的温度信号和计算的时域特征值通过规定算法的拟合后绘制成曲线，根据对应数据曲线的发展趋势，以便预测提升机减速器的运行出现故障的可能性，了解主提升机减速器的运行发展状况，提前做好维护准备。

运行趋势预测模块界面图如图 6-22 所示。选用最小二乘法对数据进行拟合，其目的是通过最小化误差的平方，以便得到最佳的匹配功能。最小二乘法可以拟合出一条光滑的曲线，通过该曲线还能够客观反应出数据的大致走势。

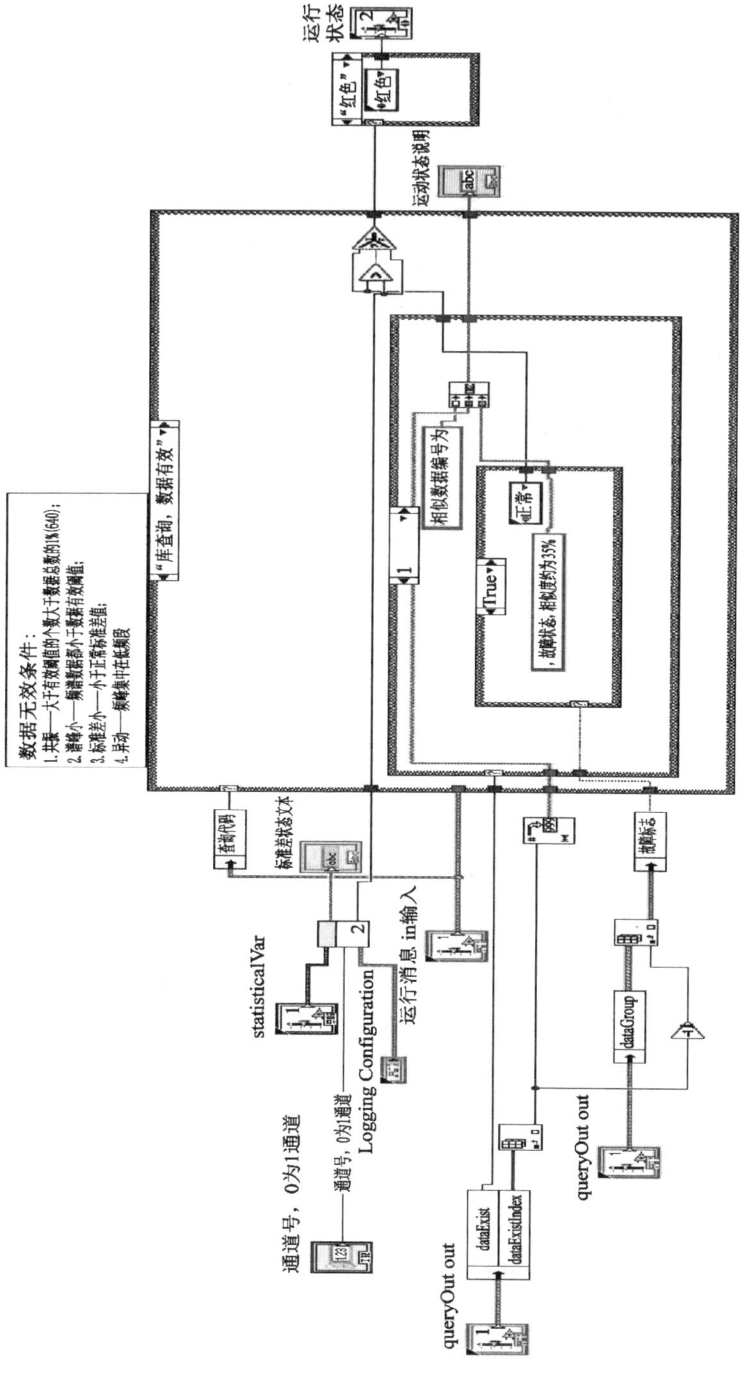

图6-20　运行状态判断模块

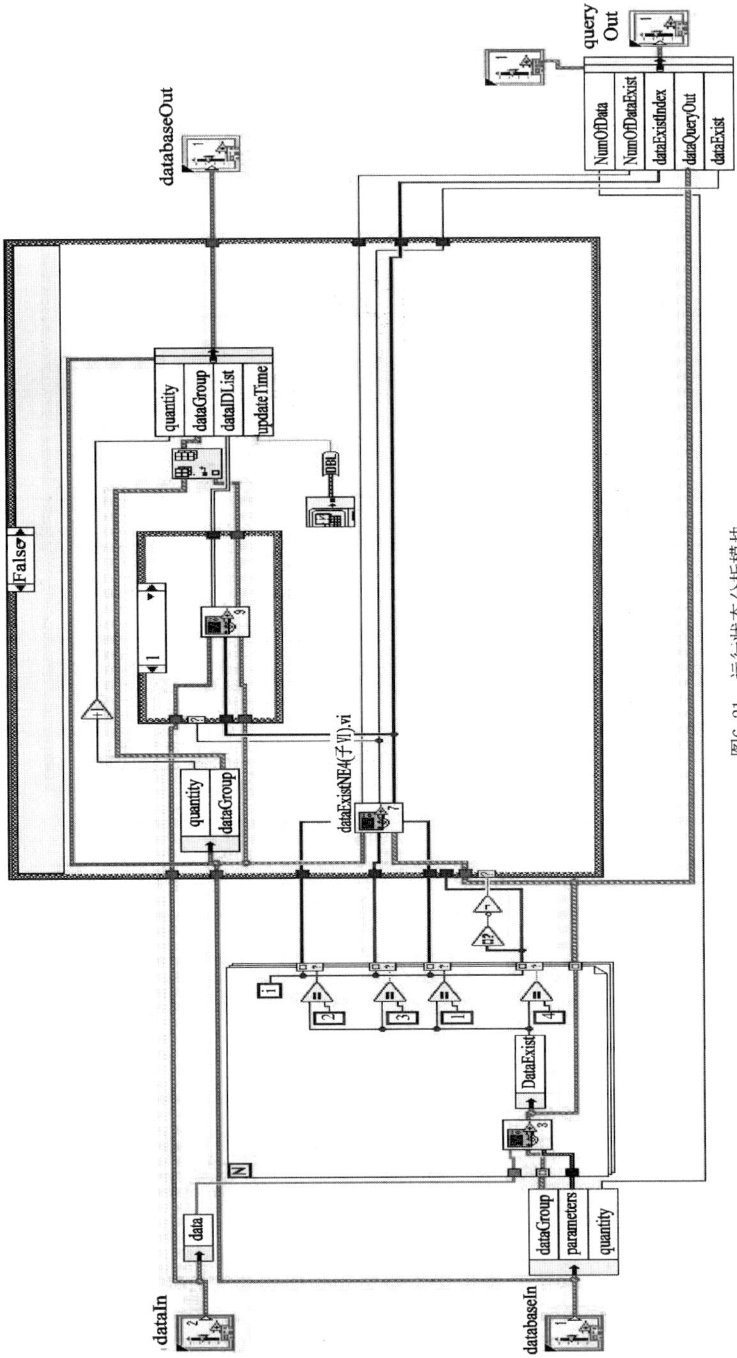

图6-21 运行状态分析模块

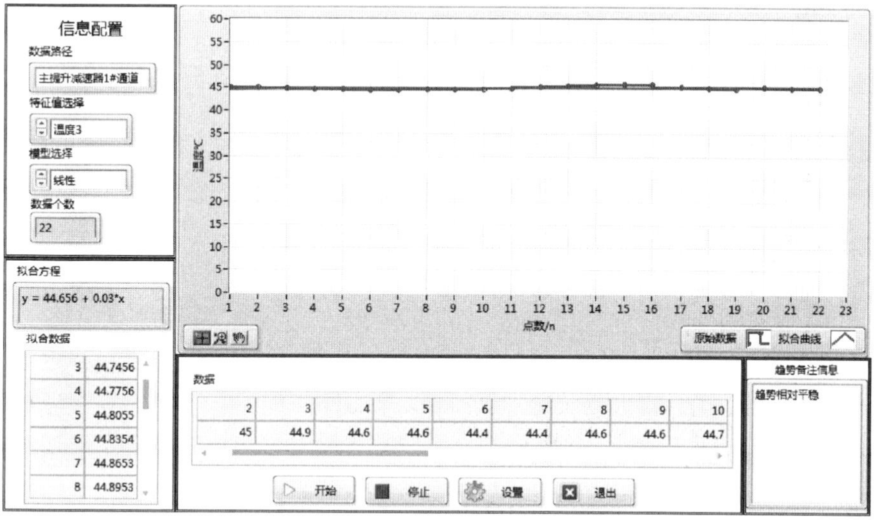

图 6-22　运行状态的故障分析监测界面

6.4　提升机减速器运行状态在线监测及故障诊断系统运行效果分析

小康矿主提升机减速器运行状态在线监测及故障诊断系统，现场运行照片，如图 6-23 所示。该系统成功获取到了提升机减速器的监测数据(振动加速度信号、转速信号以及温度信号等)。经过一年的试运行，该系统工作稳定，能够实时在线对减速器运行状态进行监测能够通过手机或计算机浏览网页实时显示云端数据，实现自动化与信息化融合，实现异地监控。该系统运行效果良好，能够提高企业生产综合管理决策效率。

在试运行期间，该系统运行状态数据，如图 6-24 所示。在图 6-24 中，蓝色曲线为故障提升运输过程的数据，红色曲线为正常提升运输过程的数据。在一年多的试运行阶段，该系统出现了故障报警。经排查后发现，该故障报警原因为齿轮输出齿出现裂纹故障。排查出的故障齿轮如图 6-25 所示。

将提升机此次的故障数据与正常工作状态数据调出并显示，基于上述处理数据方法分析处理重组后的正常信号与故障信号包络图如图 6-24 所示。在图 6-24 中可以发现蓝色故障曲线中呈现出非常明显的故障特征频率成分，

图 6-23　小康矿主提升机械减速器运行状态在线监测及故障诊断系统现场运行照片

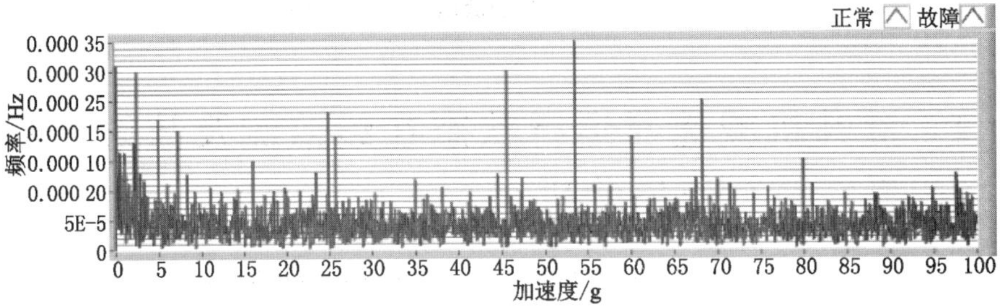

图 6-24　正常信号和故障信号包络图对比

（a）故障齿轮　　（b）局部裂纹放大

图 6-25　故障齿轮

特别是高次倍频故障特征频率尤为突出，与正常信号解调谱对比十分明显。在正常信号中，低频带出现了个别较为突出的峰值，可以认为是输入轴转频、输出轴转频及提升钢丝绳振动频率因素所致。监测及故障诊断系统成功检测出减速器输出轴齿轮裂纹故障。

综上所述，研发的提升机减速器运行状态在线监测及故障系统能够较为准确地捕捉到减速器的故障特征信息，可以为设备维护人员提供良好的理论指导。

6.5 本章小结

本章研发了一套提升机减速器运行状态在线监测及故障诊断系统。本章得出如下主要结论。

① 根据减速器运行工况，设计了提升机减速器运行状态在线监测及故障诊断总体结构设计。

② 基于 Labview 开发平台编制了提升机减速器运行状态在线监测及故障诊断系统软件。

③ 把提升机减速器运行状态在线监测及故障诊断系统用于现场测试，证明了该系统的有效性、稳定性和可靠性。

参考文献

[1] 李永焯.齿轮系统振动信号调制机理及非平稳信号稀疏分解方法研究[D].广州:华南理工大学,2018.

[2] 王旭.含裂纹故障的齿轮系统动力学特性研究及其故障特征分析[D].昆明:昆明理工大学,2017.

[3] 林腾蛟,郭松龄,赵子瑞,等.裂纹故障对斜齿轮时变啮合刚度及振动响应的影响分析[J].振动与冲击,2019,38(16):29-36.

[4] 魏禹.基于熵值的齿轮箱故障特征提取与早期故障诊断方法研究[D].哈尔滨:哈尔滨工业大学,2019.

[5] 贵新成,李红勋,金晓辉,等.高重合度摆线内齿轮副齿面接触强度研究[J].机械工程学报,2019,55(23):109-119.

[6] 王峰,朱彦霖,方宗德,等.齿面修形对人字齿轮啮合刚度影响分析与试验研究[J].振动与冲击,2018,37(1):40-46.

[7] 吴家腾,杨宇,程军圣.基于参数反求的齿轮裂纹时变啮合刚度计算方法[J].中国机械工程,2019,30(24):2916-2924.

[8] 乔自珍,周建星,章翔峰.多源时变激励下两级直齿轮传动系统有限元建模方法研究[J].振动与冲击,2019,38(15):182-189.

[9] 任勇.变转速旋转机械关键零部件故障诊断研究[D].徐州:中国矿业大学,2019.

[10] 包文杰,涂晓彤,李富才,等.参数化的短时傅里叶变换及齿轮箱故障诊断[J].振动测试与诊断,2020,40(2):272-277.

[11] 任学平,黄慧杰,王朝阁,等.改进的 TQWT 在滚动轴承早期故障诊断的应用[J].振动测试与诊断,2020,40(2):317-325.

[12] 张鑫,赵建民,李海平,等.基于 NIC-DWT-WOASVM 的齿轮箱混合故障诊断[J].振动与冲击,2020,39(11):146-151.

[13] 王华庆,任帮月,宋浏阳,等.基于终止准则改进 K-SVD 字典学习的稀疏表示特征增强方法[J].机械工程学报,2019,55(7):35-43.
[14] 张晗,杜朝辉,方作为,等.基于稀疏分解理论的航空发动机轴承故障诊断[J].机械工程学报,2015,51(1):97-105.
[15] 郑近德,潘海洋,程军圣,等.基于自适应经验傅里叶分解的机械故障诊断方法[J].机械工程学报,2020,56(9):125-136.
[16] 陈强强,戴邵武,戴洪德,等.基于 IMF 特征提取的滚动轴承故障诊断[J].噪声与振动控制,2020,40(1):46-50.
[17] 詹瀛鱼,程良伦,王涛.解相关多频率经验模态分解的故障诊断性能优化方法[J].振动与冲击,2020,39(1):115-122.
[18] 张坤,马朝永,胥永刚,等.快速自适应局部均值分解及轴承故障诊断应用[J].振动工程学报,2020,33(1):206-212.
[19] 杨斌,张家玮,樊改荣,等.最优参数 MCKD 与 ELMD 在轴承复合故障诊断中的应用研究[J].振动与冲击,2019,38(11):59-67.
[20] 杜冬梅,张昭,李红,等.基于 LMD 和增强包络谱的滚动轴承故障分析[J].振动.测试与诊断,2017,37(1):92-96.
[21] 宋洋,钟麦英.基于改进距离相似度的故障可分离性分析方法[J].山东大学学报(工学版),2017,47(5):103-109.
[22] 荀先太,李昌喜,金炜东.VMD 多尺度熵用于高速列车横向减振器故障诊断[J].振动.测试与诊断,2019,39(2):292-297.
[23] 葛江华,刘奇,王亚萍,等.支持张量机与 KNN-AMDM 决策融合的齿轮箱故障诊断方法[J].振动工程学报,2018,31(6):1093-1101.
[24] 张潇涵.矿井提升机天轮健康诊断与预测[D].徐州:中国矿业大学,2019.
[25] 郑宗晓.基于物联网多绳摩擦提升试验台远程监测与诊断系统研究[D].徐州:中国矿业大学,2019.
[26] 张聪.基于机器学习的矿井突水安全保障系统及应用[D].北京:北京科技大学,2019.